山河记忆

中国生态环境保护掠影

生态环境部宣传教育司 编

U0200801

中国环境出版集团·北京

编写说明

新中国成立 70 年来，我国生态环境保护事业从萌芽起步到蓬勃发展，取得历史性成就，发生历史性变革。尤其是党的十八大以来，以习近平同志为核心的党中央谋划开展了一系列具有根本性、长远性、开创性的工作，推动我国生态环境保护乃至生态文明建设从实践到认识发生了历史性、转折性、全局性变化。

我们组织编写《山河记忆——中国生态环境保护掠影》一书，着眼生态环境保护工作实际，选取有代表性的照片，辅以少量文字综述，首次以图文结合的方式，立足公众的关注点，从一个侧面展示我国生态环境保护工作的发展历程及取得的成就，进一步增强公众对生态环境保护的了解和认识，凝聚守护生态环境、共建美丽中国的社会共识。

图书分为序篇、蓝天篇、碧水篇、海洋篇、净土篇、生态篇、核安全篇、应对气候变化篇、国际篇、综合篇 10 个篇章，其中，序篇简要回顾历次全国环境保护会议（大会）及全国生态环境保护大会、生态环境保护机构变革等内容，综合篇涵盖督察、法规、科技、环评、监测、执法、宣教等生态环境保护工作。受照片资料所限，书中内容仅仅反映了生态环境保护工作的某些片段，未能全面、系统地展现生态环境保护各领域发展进程。希望本书能够对广大公众、生态环境保护工作者有所借鉴。

由于编者水平有限，不妥之处，敬请批评指正。

2019 年 11 月

序

2019 年是新中国成立 70 周年。70 年来，我国生态环境保护事业从萌芽起步到蓬勃发展，取得历史性成就、发生历史性变革。特别是党的十八大以来，以习近平同志为核心的党中央，将生态文明建设提升到关系中华民族永续发展的战略高度，谋划开展了一系列具有根本性、长远性、开创性的工作，推动我国生态环境保护从实践到认识发生历史性、转折性、全局性变化。

战略部署不断加强。1973 年第一次全国环境保护会议召开，环境保护被提上国家重要议事日程；20 世纪 80 年代，保护环境被确立为基本国策；90 年代，可持续发展战略被确定为国家战略；进入 21 世纪，我国大力推进资源节约型、环境友好型社会建设，生态环境保护的战略地位不断提升。特别是党的十八大以来，形成并确立了习近平生态文明思想，生态文明被写入宪法和党章，建设美丽中国成为我们党的奋斗目标，在中国特色社会主义"五位一体"总体布局中生态文明建设是其中一位，在新时代坚持和发展中国特色社会主义基本方略中坚持人与自然和谐共生是其中一条基本方略，在新发展理念中绿色是其中一大理念，在三大攻坚战中污染防治是其中一大攻坚战，生态环境保护从来没有像今天这样重要和突出。

治理力度持续加大。20 世纪 70 年代，官厅水库污染治理拉开了我国水污染治理的序幕；80 年代，结合技术改造对污染进行综合防治；90 年代，实施"33211"工程，大规模开展重点城市、流域、区域、海域环境综合整治，从末端治理到源头和全过程控制，从点源治理到流域和区域综合治理，污染防治方式不断创新、领域不断拓展、力度不断加大。特别是党的十八大以来，坚决向污染宣战，先后发布实施大气、水、土壤污染防治三大行动计划，蓝天、碧水、净土保卫战全面展开，生态环境质量持续改善。2013 － 2018 年，全国 338 个地级及以上城市可吸入颗粒物平均浓度下降 26.8%，首批实施新空气质量标准的 74 个城市细颗粒物平均浓度下降 41.7%；全国地表水优良水质断面比例增至 71%，劣 V 类降至 6.7%，人民群众对生态环境的获得感、幸福感和安全感不断增强。

生态保护稳步推进。我国坚持生态保护与污染治理并重，实施保护天然林、退耕还林还草等一系列生态保护重大工程，不断筑牢国家生态安全屏障。特别是党的十八大以来，坚持保护优先、自然恢复为主，实施山水林田湖草生态保护修复工程，开展国土绿化行动，推动构建以国家公园为主体的自然保护地体系，划定并严守生态保护红线，加强生物多样性保护。全国已建立国家级自然保护区 474 个，各类陆域保护地面积达 170 多万平方千米，大熊猫等珍稀濒危物种种群逐步恢复。全国的森林覆盖率由新中国成立之初的约 8% 提高到 22.96%。美国宇航局（NASA）卫星监测数据显示，近 20 年我国新增植被覆盖面积约占全球总量的 25%，居全球首位。中国人民生于斯、长于斯的家园更加美丽动人。

制度体系逐步完善。70 年来，我国坚持依靠制度保护生态环境。1973 年第一次全国环境保护会议提出"全面规划、合理布局，综合利用、化害为利，依靠群众、大家动手，保护环境、造福人民"的 32 字环保工作方针；1989 年第三次全国环境保护会议，提出并施行八项环境管理制度；90 年代初，制定环境与发展问题十大对策；进入 21 世纪，把主要污染物减排作为经济社会发展的约束性指标。特别是党的十八大以来，加快推进生态文明顶层设计和制度体系建设，制定一系列涉及生态文明建设和生态环境保护的改革方案，生态文明建设目标评价考核、自然资源资产离任审计、环境保护税、生态环境损害责任追究等制度出台实施，排污许可、河湖长制、生态环境监测网络建设、禁止洋垃圾入境等环境治理制度加快推进，"四梁八柱"性质的制度体系基本形成，生态环境治理水平有效提升。

体制改革不断深化。1974 年，国务院环境保护领导小组正式成立；1982 年，组建城乡建设环境保护部，内设环境保护局；1988 年，成立国务院直属的国家环境保护局，地方政府也陆续成立环境保护机构；1998 年，国家环境保护局升格为国家环境保护总局；2008 年，成立环境保护部，成为国务院组成部门。特别是党的十八大以来，省以下生态环境机构监测监察执法垂直管理等改革举措加快推进，全国生态环境保护机构队伍建设持续加强，生态环境治理能力明显增强。党的十九届三中全会做出深化党和国家机构改革的决定，2018 年 3 月组建生态环境部，统一行使生态和城乡各类污染排放监管与行政执法职责，并整合组建生态环境保护综合执法队伍。生态环境部的组建，强化了政策规划标准制定、监测评估、监督执法、督察问责"四个统一"，实现了地上和地下、岸上和水里、陆地和海洋、城市和农村、一氧化碳和二氧化碳"五个打通"，以及污染防治和生态保护贯通，在污染防治上改变了九龙治水的状况，在生态系统保护修复上强化了统一监管。

执法督察日益严格。1978 年，"国家保护环境和自然资源，防治污染和其他公害"被写入宪法；1979 年，《中华人民共和国环境保护法（试行）》颁布，1989 年正式实施，我国环境保护工作逐步走上法治化轨道。特别是党的十八大以来，立法力度之大、执法尺度之严、守法程度之好前所未有，先后制修订 9 部生态环境法律、20 余部行政法规，"史上最严"的新环境保护法自 2015 年开始实施，基本形成了以环境保护法为龙头，覆盖大气、水、土壤、核安全等主要环境要素的法律法规体系。开展中央生态环境保护督察，第一轮中央生态环境保护督察及"回头看"累计解决群众身边的生态环境问题 15 万多个，第二轮第一批督察共交办群众举报问题约 1.9 万个，有力推动落实"党政同责""一岗双责"，取得了中央肯定、地方支持、百姓点赞、解决问题的良好效果。

公众参与日益广泛。我国坚持动员全社会力量保护生态环境，人民群众的环保意识、生态意识不断增强，参加生态文明建设日益广泛。1985 年，第一次在全国范围开展六五环境日宣传活动；1990 年，首次发布《中国环境状况公报》；2004 年，首次发布六五环境日中国主题和标识；2007 年，第一次实时发布环境质量监测数据。特别是党的十八大以来，我国积极倡导简约适度、绿色低碳的生活方式，形成文明健康的生活风尚。发布《公民生态环境行为规范（试行）》，组织开展"美丽中国，我是行动者"主题实践活动，构建全社会共同参与的环境治理体系，让生态文明理念成为社会生活中的主流文化。倡导尊重自然、顺应自然、保护自然的绿色价值观念，推动形成深刻的人文情怀。

国际合作不断扩大。1972 年，中国恢复联合国席位后派政府代表参加了第一个多边会议，即联合国第一次人类环境会议；1994 年，我国政府率先制定实施《中国 21 世纪议程》。70 年来，我国批准实施 30 多项与生态环境有关的多边公约或议定书，从早期的环保理念、技术、资金等"引进来"为主，到后来双向交流互动，我国生态文明理念、环保技术等"走出去"日益常态化。特别是党的十八大以来，我国积极参与全球环境治理，率先发布《中国落实 2030 年可持续发展议程国别方案》，向联合国交存《巴黎协定》批准文书，推动达成《巴黎协定》实施细则。我国消耗臭氧层物质的淘汰量占发展中国家总量的 50% 以上，成为对全球臭氧层保护贡献最大的国家。积极推进绿色"一带一路"建设。2016 年，联合国环境规划署发布《绿水青山就是金山银山：中国生态文明战略与行动》报告，河北塞罕坝林场、浙江"千村示范、万村整治"工程分别获得 2017 年和 2018 年联合国"地球卫士奖"。2019 年联合国世界环境日全球主场活动在我国举行。我国生态环境保护实践为全球生态环境治理提供了中国智慧和中国方案，成为全球生态文明建设的重要参与者、贡献者、引领者。

在新中国成立 70 周年之际，生态环境部宣传教育司组织编写《山河记忆——中国生态环境保护掠影》一书，以一幅幅珍贵的历史照片，鲜活生动地记录下生态环境保护工作的精彩瞬间，客观真实地呈现出我国生态环境保护事业的辉煌历程，既为读者朋友了解我国生态环境保护历史、认识生态环境保护工作成就提供了重要载体，也为广大生态环境保护工作者继往开来、砥砺前行，谱写新时代生态环境保护事业壮丽华章提供了参考借鉴。

面向未来，希望全体生态环境保护工作者以新中国成立 70 周年为新起点，坚持以习近平新时代中国特色社会主义思想为指导，深入贯彻习近平生态文明思想，不忘初心、牢记使命，自觉扛起建设生态文明的政治责任，传承党的红色基因，擦亮国家发展的绿色底色，以更加昂扬的斗志和更加饱满的热情，把生态环境保护事业不断推向前进。也希望全社会牢固树立社会主义生态文明观，践行新发展理念，为提升生态文明、建设美丽中国而共同奋斗。

是为序。

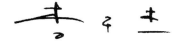

2019 年 11 月

目录

序 篇

历次全国环境保护会议和
全国生态环境保护大会

我国高度重视生态环境保护工作。早在新中国成立之初，毛泽东同志就发出"绿化祖国"的号召。1978年，邓小平同志提出应该集中力量制定环境保护法等各种必要的法律。1996年，江泽民同志提出在社会主义现代化建设中，必须把贯彻可持续发展战略始终作为一件大事来抓。党的十六大以后，胡锦涛同志提出了以人为本、全面协调可持续发展的科学发展观。党的十八大以来，习近平同志就生态环境保护工作提出一系列新理念、新思想、新战略，将生态文明建设纳入中国特色社会主义事业"五位一体"总体布局和"四个全面"战略布局中，建立生态文明制度的"四梁八柱"，形成了习近平生态文明思想，推动我国生态文明建设进入新时代。

在我国生态环境保护历史上，先后召开八次重要会议：1973—2011年，国务院先后召开7次全国环境保护会议（大会），2018年，党中央、国务院召开全国生态环境保护大会。历次会议为解决我国生态环境问题做出一系列重大决策和部署，推动我国生态环境保护工作迈上新台阶。

1973年8月，第一次全国环境保护会议召开，提出了"全面规划、合理布局，综合利用、化害为利，依靠群众、大家动手，保护环境、造福人民"的32字环保工作方针。会议讨论通过了《关于保护和改善环境的若干规定（试行草案）》。

1983年12月—1984年1月，第二次全国环境保护会议召开，将环境保护确立为基本国策，制定经济建设、城乡建设和环境建设同步规划、同步实施、同步发展，实现经济效益、社会效益、环境效益相统一的指导方针，实行"预防为主，防治结合""谁污染，谁治理""强化环境管理"三大政策。

↑ 1972 年 6 月，联合国人类环境会议在瑞典斯德哥尔摩举行，在周恩来总理的关怀下，我国派出了时任燃料化学工业部副部长唐克为团长的代表团出席会议。这是中国恢复联合国席位后派政府代表参加的第一个联合国环境会议。图为出席会议的中国政府代表团成员毕季龙代表（前排左）和曲格平代表（前排右）。

1989 年 4—5 月，第三次全国环境保护会议召开，提出要加强制度建设，深化环境监管，向环境污染宣战，促进经济与环境协调发展。会议认真总结了实施建设项目环境影响评价、"三同时"、排污收费三项环境管理制度的成功经验，同时提出了五项新的制度和措施，形成了我国环境管理的"八项制度"。

1996 年 7 月，第四次全国环境保护会议召开，江泽民同志出席会议并发表重要讲话。会议提出保护环境是实施可持续发展战略的关键，保护环境就是保护生产力，确定了坚持污染防治和生态保护并重的方针，实施《污染物排放总量控制计划》和《跨世纪绿色工程规划》两大举措。

2002 年 1 月，第五次全国环境保护会议召开，提出环境保护是政府的一项重要职能，要按照社会主义市场经济的要求，动员全社会的力量做好这项工作。会议提出贯彻落实国务院批准的《国家环境保护"十五"计划》，并部署"十五"期间的环境保护工作。

2006 年 4 月，第六次全国环境保护大会召开，提出从重经济增长轻环境保护转变为保护环境与经济增长并重，从环境保护滞后于经济发展转变为环境保护与经济发展同步，从主要用行政手段保护环境转变为综合运用法律、经济、技术和必要的行政手段解决环境问题，提高环境保护工作水平。

2011 年 12 月，第七次全国环境保护大会召开，会议强调坚持在发展中保护、在保护中发展，切实解决影响科学发展和损害群众健康的突出环境问题，全面开创环境保护工作新局面。

2018 年 5 月，全国生态环境保护大会在北京召开。中共中央总书记、国家主席、中央军委主席习近平出席会议并发表重要讲话。会议正式确立了习近平生态文明思想。会后，中共中央、国务院印发《关于全面加强生态环境保护 坚决打好污染防治攻坚战的意见》。

此外，1997—2005 年，在全国两会期间，中共中央每年召开座谈会，将环境问题纳入会议议题，专门研究部署相关工作。1997—1998 年，座谈会名为中央计划生育和环境保护工作座谈会。1999 年后，座谈会更名为中央人口资源环境工作座谈会。

↑ 1983 年 12 月 31 日—1984 年 1 月 7 日，
第二次全国环境保护会议在北京召开。

生态环境保护机构变革

1974 年　　国务院环境保护领导小组成立

1982 年　　城乡建设环境保护部组建，部内设环境保护局

1984 年　　国务院环境保护委员会成立

1984 年　　城乡建设环境保护部环境保护局更名为城乡建设环
　　　　　　护部国家环境保护局

1988 年　　环保工作从城乡建设部分离出来，成立直属国务院的国
　　　　　　家环境保护局（副部级）

1993 年　　第八届全国人大增设环境保护委员会，后更名为环境与
　　　　　　资源保护委员会

1998 年　　国家环境保护局升格为国家环境保护总局（正部级）；
　　　　　　第九届全国政协开始设置人口资源环境委员会

2008 年　　国家环境保护总局升格为环境保护部

2018 年　　生态环境部组建

↑ 2018 年 10 月，生态环境部组建后部领导及部机关
各部门主要负责同志的合影。

蓝天篇

我国大气污染防治始于 20 世纪 70 年代初的工业烟尘排放控制。1982 年，颁布《大气环境质量标准》，1987 年，通过《中华人民共和国大气污染防治法》（以下简称《大气污染防治法》），为大气环境管理工作提供法律依据。20 世纪 90 年代，制定《环境空气质量标准》，根据《中国环境与发展十大对策》提出的可持续发展战略，大气污染治理走向综合防治阶段，对废气中的烟尘、二氧化硫、工业粉尘等指标实行排放总量控制；并划定"两控区"（酸雨控制区和二氧化硫控制区），开展酸雨和二氧化硫污染控制工作。2000 年以后，修订加严《大气污染防治法》《火电厂大气污染物排放标准》《锅炉大气污染物排放标准》等法规标准，进一步完善了大气污染防治制度体系，通过明确各级政府责任、提高违法惩罚力度、安装脱硫设施等措施推动二氧化硫减排工作。大气污染物管控从二氧化硫、酸雨、氮氧化物等污染物的浓度控制转为浓度控制与总量控制相结合，并把二氧化硫排放列入国家约束性指标，控制范围扩大到全国；在北京奥运会、上海世博会等会议期间，开始实施区域大气污染联合防治，制定区域联防联控机制，并取得显著成效。党的十八大以来，我国以改善生态环境质量为核心，实施《大气污染防治行动计划》《打赢蓝天保卫战三年行动计划》，通过调整产业结构、优化能源结构、统筹"油路车"治理、强化联防联控等措施，全面淘汰燃煤小锅炉，推动各地完成散煤治理，取得一系列成绩。2018 年，京津冀地区、长三角地区和珠三角地区细颗粒物（PM$_{2.5}$）平均浓度分别比 2013 年下降了 48%、39% 和 32%，北京市 PM$_{2.5}$ 平均浓度从 2013 年的 89.5 微克 / 米^3 下降到 51 微克 / 米^3，降幅达 43%。2013 年以来，我国氮氧化物和二氧化硫排放总量分别下降 28% 和 26%，酸雨分布格局总体保持稳定，酸雨面积呈逐年减小趋势，2013 年，全国酸雨区面积占国土面积的10.6%，2018 年已降至 5.5%，降幅近 50%。

壹

主要气态污染物控制

01 二氧化硫控制

我国酸雨问题从 20 世纪 70 年代末开始出现。1974 年，北京市率先开始酸雨的监测，1979 年以后，各省陆续开展酸雨监测工作。1995 年修订的《大气污染防治法》首次增加控制酸雨条文，规定根据气象、地形、土壤等自然条件，可以将已经产生、可能产生酸雨的地区或者其他二氧化硫污染严重的地区，划定为酸雨控制区或者二氧化硫污染控制区，即"两控区"。20 世纪 90 年代，结合国家经济结构的调整，我国取缔、关停了 8.4 万家污染严重且没有治理前景的"十五小"企业，对高硫煤实行限产，有效地削减了污染物排放总量。2000 年以后，原国家环境保护总局与各级政府签订《二氧化硫排放量目标责任书》，通过建设脱硫设施、排污权交易、推行清洁生产等措施，大力削减二氧化硫排放量。我国酸雨问题已于 2015 年基本得到解决。

酸雨监测

↑ 1982 年 3 月，环境监测站工作人员在鞍钢厂区进行二氧化硫等有害气体测定。

二氧化硫
排放权交易

↑ 2010 年 6 月，陕西省首次二氧化硫排污权交易竞买会在陕西环境权交易所举行，参与企业共竞得 2 300 吨二氧化硫的排放权，总成交额 944.9 万元人民币。

关停"十五小"

← 1998 年 12 月，五大露天煤矿之一的霍林河煤矿小矿井关井压产后，人走矿空。

清产生产
技术改造

↑ 2007 年 5 月，北京市某热电公司工人首次利用湿法脱除煤烟气中的二氧化硫生产石膏板，此工艺每年可减少向大气排放二氧化硫 9 000 多吨，大大改善北京市的空气质量状况，同时将脱硫副产品做成环保建材。

二氧化硫
治理效果

↑2000 年，广西壮族自治区南宁市治理酸雨成效显著，
城区再现黄昏晚霞。南宁市酸雨频率从 76.8% 下降到
56.1%，城区的二氧化硫排放总量为 3.53 万吨，空气
中的二氧化硫浓度为 0.035 毫克 / 米^3。

02 氮氧化物控制

　　20 世纪 70 年代到 90 年代，大气污染物综合排放标准以及行业标准中均对氮氧化物进行相应控制，在一定程度上缓解了氮氧化物排放量的增加。1996 年以后，开始实施淘汰落后工业企业、开展新技术等措施控制氮氧化物排放量。"十二五"（2011—2015 年）开始明确要求氮氧化物排放量总量控制指标，并实施新建燃煤机组同步安装脱硫脱硝设施、加速淘汰"黄标车"、鼓励使用新能源车等措施。2015 年基本淘汰了 2005 年以前注册运营的"黄标车"。2017 年，国家第五阶段机动车污染物排放标准在全国范围内实施，进一步控制机动车二氧化氮排放量。2019 年 7 月，国家第六阶段机动车污染物排放标准开始实施。

执行机动车
尾气排放标准

➡ 2008 年 2 月，上海市有关部门在市区内对行驶的机动车尾气排放进行随机抽查，严格执行机动车尾气排放标准。

安装脱硝设施

⬅ 2014 年 7 月，辽宁省朝阳市某发电公司工作人员在脱硝设备的氨区内检查设备运行情况，这种烟气脱硝装置脱硝系统设计效率为 80%，两台 600 兆瓦机组可实现每年减少氮氧化物排放量 6 000 余吨。

淘汰"黄标车"

➡ 2014 年 5 月，天津市通过遥测过往车辆尾气，对加快淘汰"黄标车"、逐步淘汰"老旧车"提供数据支持。

新能源公交车

➡ 2011 年 10 月，湖北省襄阳市充电站工作人员为新能源公交车充电。

贰

大气颗粒物控制

01 消烟除尘

　　从 1973 年开始，根据我国《工业"三废"排放标准》，从中央到各省、市把消烟除尘作为保护大气的突破口，对锅炉进行改炉除尘，并新建了一批除尘治理设施。1996 年以后，开始对废气中的烟尘、工业粉尘实行排放总量控制，对不能按计划达标的企业予以"关、停、并、转、迁"，并制定《环境空气质量标准》（GB 3095—1996），将飘尘改为可吸入颗粒物（PM$_{10}$）。

锅炉新建
除尘设备

↑ 1984 年 3 月，鞍钢第一炼钢厂九号平炉安装当时我国最大的电除尘设备。

02 PM$_{2.5}$、PM$_{10}$ 协同控制

2012 年，《环境空气质量标准》（GB 3095—2012）进行第三次修订，新增细颗粒物（PM$_{2.5}$）作为监测污染物，标志着我国环境保护工作从污染物排放总量控制管理阶段向环境质量管理阶段转变。党的十八大以来，根据《大气污染防治行动计划》及《打赢蓝天保卫战三年行动计划》的要求，环保部门大力实施清洁能源改造、"散乱污"治理、淘汰燃煤小锅炉、"双替代"（"煤改电""煤改气"）等一系列措施，如期完成《大气污染防治行动计划》目标，环境空气质量总体改善。2019 年，实现超低排放的煤电机组累计约 8.9 亿千瓦，占总装机容量的 86%，全国 337 个地级及以上城市 PM$_{2.5}$ 年均浓度为 36 微克 / 米^3，PM$_{10}$ 年均浓度为 63 微克 / 米^3，年均优良天数比例为 82%。

▌PM$_{2.5}$、PM$_{10}$ 监测

↑ 2012 年 3 月，广东省环境监测中心监测点
工作人员查看空气质量监测采样设施。

清洁能源改造

↑2017年3月，北京市最后一座燃煤电厂燃煤机组的仪表"归零"，
机组停止运行，实现了北京电厂无煤化的目标，北京市由此成为
全国首个全部实施清洁能源发电的城市。

▌ "散乱污"企业治理

↑ 2016 年 3 月,河北省 "散乱污" 企业整治前现场。

↑ 2017 年 10 月,河北省 "散乱污" 企业整治后现场。

淘汰燃煤
小锅炉

➜ 2010 年 8 月，辽宁省
本溪市对燃煤小锅炉实
施定向爆破。

"双替代"

← 2016 年 4 月，陕西省
西安市建成区外燃煤锅
炉综合治理企业完成天
然气锅炉替代。

重点区域大气污染综合治理

01 重点区域联防联控

2013年，国务院发布《大气污染防治行动计划》，将京津冀及周边地区、长三角地区、珠三角地区划定为重点区域，开展大气污染联防联控工作。2018年，国务院发布《打赢蓝天保卫战三年行动计划》，将重点区域范围调整为京津冀及周边地区、长三角地区、汾渭平原。近年来，我国以京津冀及周边地区、长三角地区、汾渭平原为重点，强化区域联防联控，实施秋冬季大气污染综合治理攻坚行动，开展蓝天保卫战重点区域强化监督。目前，成立京津冀及周边地区大气污染防治领导小组、建立汾渭平原大气污染防治协作机制、完善长三角地区大气污染防治协作机制。

京津冀及周边地区大气污染综合治理

➡2016 年 11 月，北京市启动空气重污染橙色预警期间，平谷区环保局的工作人员在某供热厂检查排放废气的二氧化硫和氮氧化物含量。

⬅2016 年 12 月，天津市启动重污染天气红色预警期间，环境监测中心人员在某供热站的锅炉脱硫设施出口对二氧化硫和氮氧化物进行现场检测。

➡2017 年 9 月，河北省邢台市某钢铁公司竖炉被拆除。该炉拆除后，每年可削减二氧化硫 549 吨、氮氧化物 24 吨、颗粒物 168 吨、无组织扬尘 343.9 吨。

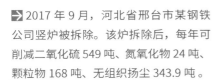

长三角地区
大气污染综合治理

↑ 2018 年 5 月，江苏省南通市某热电公司 120 米高烟囱爆破现场。此次爆破拆除后，每年减排二氧化硫 530 余吨、氮氧化物 820 余吨、烟尘 70 余吨，削减煤炭消耗量 10 余万吨标煤。

汾渭平原大气
污染综合治理

↑ 2019 年 3 月，蓝天保卫战重点区域强化监督定点帮扶工作组在陕西省渭南市检查建筑施工现场颗粒物处理情况。

← 2019 年 11 月，蓝天保卫战重点区域强化监督定点帮扶工作组在山西省吕梁市检查某企业治污设施。

珠三角地区大气污染综合治理

⬆ 广东省取得了蓝天保卫战的阶段性胜利，实现了全省环境空气质量自 2015 年起连续四年整体达标。2018 年，珠三角地区 $PM_{2.5}$ 年均浓度为 32 微克 / 米^3，珠三角地区已从全国大气污染防治三大重点区域"退出"。

02 蓝天保卫战重点区域强化监督定点帮扶

自 2017 年 4 月开始，原环境保护部从全国环保系统抽调了 5 600 名一线环境执法人员，对京津冀大气污染传输通道"2+26"城市开展为期一年的大气污染防治强化督查，向地方新交办涉气环境问题 2.3 万个，2017 年交办的 3.89 万个问题整改完毕。2018 年，京津冀及周边地区"2+26"城市优良天数比例平均为 50.5%，北京市优良天数比例为 62.2%，长三角地区 41 个城市优良天数比例平均为 74.1%，汾渭平原 11 个城市优良天数比例平均为 54.3%。2019 年，大气污染强化督查升级为蓝天保卫战重点区域强化监督定点帮扶。生态环境部 2019 年共统筹组织 20 703 人次，在全国重点区域 39 座城市开展了 24 轮次的强化监督定点帮扶，现场检查点位 92.5 万个，向地方交办涉气问题 6.5 万个。

检查企业
环保设备

↑ 2018 年 11 月 13 日晚，生态环境部部长李干杰在河北省
保定市某水泥公司厂房，对企业的环保设备进行检查。

**强化督查
在路上**

↑ 2017 年 8 月，原环境保护部强化督查人员在河北省
沧州市某化工有限公司查看企业数据记录。

↑ 2017 年 5 月，原环境保护部强化督查人员在河北省
邯郸市突击检查整治现场。

肆

典型城市大气污染综合治理

01 本溪市

　　辽宁省本溪市曾因空气污染严重被称为"卫星上看不到的城市"。本溪市通过实施蓝天工程，大力淘汰资源型、高能耗、高污染产业，成为国家级环境生态宜居城市。

本溪市
大气污染治理

↑ 本溪钢铁公司。

← 1995 年 12 月，工作人员在本溪钢铁公司污染源监控站进行大气监测。

02 兰州市

　　甘肃省兰州市曾是全国空气污染严重的城市。近年来，兰州市通过实施大气污染治理整体战与攻坚战，迎来"兰州蓝"，强力治污的"兰州模式"也受到了海内外的关注，在2015年巴黎气候大会上荣获"今日变革进步奖"。

兰州市
大气污染治理

↑ 2016 年 10 月，大气污染得到有效治理后的兰州。
← 2011 年 12 月，一名市民行走在兰州市黄河岸边。

03 北京市

　　自 1998 年开始，北京市连续实施了多个阶段的大气污染综合治理措施，污染物排放强度逐年下降，空气质量明显改善。2019 年，北京市 $PM_{2.5}$ 年均浓度为 42 微克 / 米 ^{3}，较 2013 年下降 53%；二氧化氮（NO_2）、可吸入颗粒物（PM_{10}）达到国家二级标准；二氧化硫（SO_2）年均浓度稳定达标并连续三年浓度达到个位数。

北京市大气污染
治理成效

↑ 2019 年，北京市优良天数为 240 天，PM$_{2.5}$ 年均浓度为
42 微克 / 米 ^{3}，创下了 2013 年监测以来的最低值。

一目了然
——北京市空气质量变化

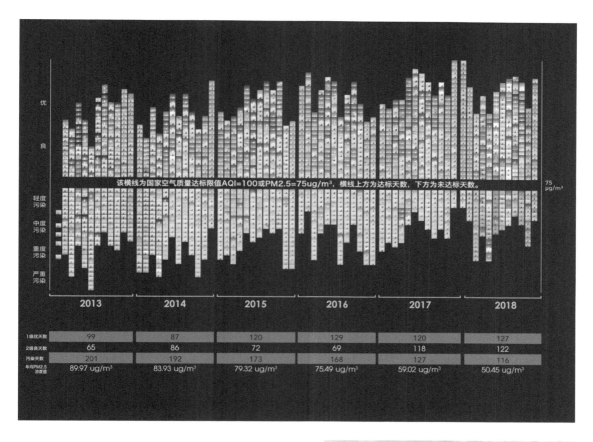

优					
良					
该横线为国家空气质量达标限值AQI=100或PM2.5=75ug/m³，横线上方为达标天数，下方为未达标天数。					75 μg/m³
轻度污染					
中度污染					
重度污染					
严重污染					

	2013	2014	2015	2016	2017	2018
1级优天数	99	87	120	129	120	127
2级良天数	65	86	72	69	118	122
污染天数	201	192	173	168	127	116
年均PM2.5浓度值	89.97 ug/m³	83.93 ug/m³	79.32 ug/m³	75.49 ug/m³	59.02 ug/m³	50.45 ug/m³

↑→ 2013 年 1 月 27 日开始，北京某市民每天坚持对着北京电视台办公楼按下快门。他日复一日坚持了 2 000 多天，拍摄 200 多万张照片，记录了北京市空气质量的变化。2018 年，他将 2013—2018 年每天拍摄的北京电视台办公楼照片制成拼图，以展示 6 年来北京市空气质量变化。

碧水篇

20世纪70年代，北京市官厅水库污染治理拉开了我国水污染治理的序幕，随后，我国相继开展了蓟运河、白洋淀、松花江等水域治理。1984年5月，《中华人民共和国水污染防治法》颁布，我国进入通过法制手段管理水体环境的阶段，此后，《水污染物排放许可证管理暂行办法》《水污染防治法实施细则》等一系列水环境管理法规、标准相继颁布，实行污染物总量控制与浓度控制相结合，控制主要江河水质污染，通过技术改造对工业水污染进行综合防治。20世纪90年代，实施"33211"工程，大规模开展重点城市、流域的水环境综合整治，加强城市污水处理设施建设；以"三河"（淮河、海河、辽河）、"三湖"（太湖、巢湖、滇池）等流域为重点，开展大规模流域治理工作。2000年以后，我国通过提高污水处理费征收标准、利用世界银行贷款等多种方式筹措资金推进污水处理产业化；开展饮用水水源保护专项行动执法检查，健全城镇集中式饮用水水源地保护制度；统筹考虑重点流域水污染防治与节能减排，重点流域地区各级政府层层签订水污染防治目标责任书，实行污染物排放总量控制，让江河湖泊休养生息。党的十八大以来，全面实施《水污染防治行动计划》；受国务院委托，生态环境部与各省级人民政府签订了水污染防治目标责任书，结合中央生态环境保护督察，通过督办、约谈、限批等环境管理"组合拳"，切实落实地方政府责任；全面展开碧水保卫战，开展水源地保护、城市黑臭水体治理、长江保护修复攻坚战。2019年，全国1 940个地表水国控断面中，水质优良（Ⅰ～Ⅲ类）断面比例为74.9%，劣Ⅴ类断面比例为3.4%，碧水保卫战成效明显。2017—2019年，三年累计完成2 804个饮用水水源地10 363个问题整改，7.7亿居民的饮用水安全保障水平有力提升。

壹
重点流域水污染防治

01 海河流域

  海河流域位于华北地区。1972 年，北京市发生鱼污染事件，经调查确认是官厅水库受污染造成。国务院为此接连 4 次做出重要批示，并指定北京市、河北省、山西省、内蒙古自治区和国务院有关部门，共同组成官厅水库水资源保护领导小组。官厅水库治理揭开了我国水环境保护的序幕，相关部门又开始着手白洋淀和蓟运河的治理，开展官厅水库水源保护、白洋淀水污染控制、蓟运河流域水源保护与河流污染治理等研究工作。四十多年来，海河流域各地政府及环保部门围绕饮用水水源地污染防治、工业污染治理、城镇污水处理设施建设等重点项目，加强污染源头治理，切实控污减排，流域水污染防治工作取得了积极进展，流域水环境质量总体呈现改善趋势。

官厅水库

↑ 1980 年 8 月，水文水质测验站的工作人员在官厅水库取水样。

白洋淀

↑ 2019 年 3 月，位于河北省雄安新区的白洋淀景区。近年来，河北省
大力推进白洋淀及周边生态环境治理工作，白洋淀水质总体明显改善。

02 松花江流域

　　松花江流域位于我国东北地区。20 世纪 70 年代，我国开展了松花江水体环境评价及松花江水系污染与水源保护研究工作。20 世纪 80 年代，松花江水系保护领导小组成立，负责流域水资源保护工作。2000 年以来，各地严格环境准入，淘汰落后产能，优化产业结构，让江河湖泊休养生息，逐步改变流域水环境质量。

松花江

↑ 2009 年 9 月，实行休养生息政策的松花江。

03 淮河流域

　　淮河流域地处我国东部。1988 年 1 月，淮河流域水源保护领导小组成立，负责流域水资源保护工作。20 世纪 90 年代，淮河流域水源保护领导小组开展流域第一批 54 个工业污染治理项目、关停"十五小"企业、对污染企业开展"零点行动"突击检查。1995 年 8 月，我国第一部流域性法规——《淮河水污染防治暂行条例》颁布，使淮河流域率先走上依法治污的轨道。2004 年 10 月，原国家环境保护总局受国务院委托分别与江苏、安徽、山东、河南 4 省签订了《淮河流域水污染防治目标责任书》，并定期对水污染防治工作进行考核。

| 淮河

↑ 2015 年 5 月，检测员在淮河蚌埠闸取水点对水样
进行现场检测，为淮河治理提供准确的第一手信息。

04 长江流域

　　长江流域，横跨我国东部、中部和西部三大经济区共 19 个省（自治区、直辖市），流域总面积 180 万平方千米。1976 年 1 月，长江水源保护局设立。2009 年，原环境保护部在长江干流及其 10 条主要一级支流开展长江环保执法行动。2016 年，原环境保护部开展长江经济带沿江饮用水水源地环保执法专项行动，完成 11 省（市）126 个地级及以上城市全部 319 个集中式饮用水水源保护区划定。2018 年 4 月，习近平总书记在湖北省武汉市主持召开深入推动长江经济带发展座谈会，全面阐释"共抓大保护、不搞大开发"的战略思想。2018 年 12 月，生态环境部、国家发展改革委出台《长江保护修复攻坚战行动计划》，打击固体废物环境违法行为、"三磷"专项排查整治等行动随之展开。目前，通过推进长江生态环境保护项目、植树造林、实施长江非法码头生态复绿等综合措施，长江岸线生态屏障区植被得以恢复。

**恢复生态
屏障区植被**

⬆ 2017 年 11 月，生态屏障区植被恢复后的重庆市云阳县滨江公园。

**关停整治
非法码头**

⬆ 2018 年 8 月，湖南省岳阳楼洞庭湖风景名胜区。2016—2018 年，
陆续关停湖南境内长江沿线 39 个非法砂石码头、洞庭湖区 116 个非法
砂石码头堆场，关停整治后对沿线进行了复绿。

长江经济带饮用水水源地
环境保护执法专项行动

➡ 2017 年 9 月，长江经济带饮用水水源地环境保护执法专项行动工作人员在湖北省武汉市检查饮用水水源地。

⬇ 2017 年 9 月，长江经济带饮用水水源地环境保护执法专项行动工作人员在贵州省遵义市检查饮用水水源地保护区排污口封堵情况。

05 太湖流域

太湖流域位于我国长江三角洲的南缘。20 世纪 80 年代，太湖流域水资源保护办公室成立。20 世纪 90 年代，"三湖"（太湖、巢湖、滇池）水污染防治列为国家"九五"期间重点污染防治工作。1998 年 12 月 31 日，原国家环境保护总局组织了"聚焦太湖""零点行动"，开展了对流域内企业的现场监督检查工作，太湖流域 1 035 家重点排污单位的总达标率为 97.3%。2005 年以来，我国开展"三湖"的蓝藻水华治理工作，加强太湖流域环境监测和执法监察工作，建立水污染物排污权有偿使用和交易试点，定期对水污染防治工作进行考核。2011 年，实施《太湖流域管理条例》，进一步加强太湖流域水资源保护和水污染防治。

▍河长制

↑ 2017 年 10 月，浙江省湖州市长兴县刘家渡河道南太湖段，河长带领专职保洁人员进行日常乡村河道护理。

06 滇池流域

　　滇池流域位于我国西南地区。20 世纪 90 年代，"三湖"
（太湖、巢湖、滇池）水污染防治被列为国家"九五"期间
重点污染防治工作。2000 年以后，云南省实施以"环湖截污、
农业农村面源治理、生态修复与建设、入湖河道整治、生态
清淤等内源污染治理、外流域引水及节水"六大工程为重点
的滇池流域水污染系统治理，并实施滇池蓝藻移动式打捞暨
无害化处理示范工程，将打捞的蓝藻制成生物肥料，实现蓝
藻藻泥的无害化处理和资源化利用。经过近 20 年的不懈努力，
滇池治理逐步显现成效，目前滇池水质企稳向好，流域生态
环境明显改观。

蓝藻治理

↑ 2010 年 12 月，工作人员整理脱水后的滇池蓝藻藻饼，并将其制作成有机肥。

滇池

↑ 随着滇池环境的好转，2012 年 2 月，近万只红嘴鸥抵达滇池，吸引游客观赏喂食。

07 黄河流域

　　黄河是中华民族的母亲河，黄河流域横跨青海、四川、甘肃、宁夏、内蒙古、陕西、山西、河南、山东9省（自治区）。1946年，我们党就针对黄河成立了治河委员会，开启了治黄历史的新篇章。1952年10月，毛泽东同志第一次离京巡视来到黄河岸边，在河南省兰考县，发出"要把黄河的事情办好"的号召。1983年，黄河流域完成《黄河流域地表水资源水质调查评价报告》，此后，黄河沿岸主要城市加强对污染源的治理和管理。2007年7月，原国家环境保护总局对黄河流域部分水污染严重、环境违法问题突出地区实行"流域限批"或"区域限批"。2019年9月，习近平总书记在河南省主持召开黄河流域生态保护和高质量发展座谈会时强调，共同抓好大保护，协同推进大治理，让黄河成为造福人民的幸福河。

黄河

⬆ 2018 年 2 月，白天鹅在三门峡黄河湿地栖息。

贰
地表水保护

01 饮用水水源地保护

　　1973 年，第一次全国环境保护会议制定的《关于保护和改善环境的若干规定》规定："供人饮用的水源和风景游览区，必须保持水质清洁，严禁污染。"1989 年，原国家环境保护局开展全国环境保护重点城市饮用水水源保护情况调查，并联合原卫生部、原建设部、水利部、原地质矿产部颁布《饮用水水源保护区污染防治管理规定》。2000 年以来，环保部门定期开展对集中式饮用水水源保护区检查及专项执法检查，其中，2016 年开展长江经济带沿江饮用水水源地环境保护执法专项行动，完成 11 省（市）126 个地级及以上城市全部 319 个集中式饮用水水源保护区划定，2018 年开展水源地保护攻坚战。2018 年，337 个地级及以上城市 906 个在用集中式生活饮用水水源监测断面（点位）中，814 个全年平均达标，31 个省（自治区、直辖市）饮用水水源地的 6 251 个环境违法问题中，99% 已经完成整改。2019 年开展饮用水水源地生态环境问题排查整治，899 个县级水源地 3 626 个问题整治完成 3 624 个。

饮用水水源地监测

➡ 2008 年 5 月，四川省绵阳市环境监测站工作人员在绵阳市饮用水水源地涪江铁路桥渡口处提取水样，对重点饮用水水源保护区进行加密监测。

全国集中式饮用水水源地环境保护专项行动

➡ 2018 年 5 月，全国集中式饮用水水源地环境保护专项行动第 210 督查组在广东省佛山市检查。

饮用水
水源地整治

➡ 2015 年 12 月，重庆市饮用水
水源地（整治前）。

⬇ 2016 年 12 月，重庆市饮用水
水源地（整治后），只保留了必要
的坐标船等船舶。

02 城市黑臭水体整治

我国黑臭水体治理，可追溯到 1996 年的上海市苏州河环境综合整治。近年来，黑臭水体治理逐渐受到地方政府的高度重视，并已经开展了相关实践。《水污染防治行动计划》将黑臭水体作为国家战略的重点，体现自下而上的公众诉求，也是自上而下回归水治理本质的重要举措。2018 年 5 月，生态环境部联合住房和城乡建设部组织 32 个督查组，分三个批次开展城市黑臭水体整治专项督查，对 30 个省（自治区、直辖市）70 个城市上报已完成整治的 993 个黑臭水体进行督查。2019 年，全国 295 个地级及以上城市（不含州、盟）建成区共有黑臭水体 2 899 个，2 513 个已消除黑臭，消除比例达 86.7%。

城市黑臭水体
整治专项督查

↑ 2018 年 10 月，城市黑臭水体整治专项督
查组工作人员在广东省广州市使用水下机器
人进行现场检查。

城市黑臭
水体治理

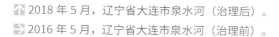
2018 年 5 月，辽宁省大连市泉水河（治理后）。
2016 年 5 月，辽宁省大连市泉水河（治理前）。

叁 水污染源排放管控

01 水污染处理

　　我国水污染处理设施经历了从零起步到迅速发展的过程。改革开放后，随着我国城镇化进程不断加快，水污染治理力度持续加大，水污染处理设施建设不断推进。2017 年，城市污水处理率为 94.5%，比 2000 年提高 60.2 个百分点。 2018 年，全国设市城市污水处理能力 1.67 亿米 ^{3}/ 日，累计处理污水量 519 亿米 ^{3}，分别削减化学需氧量和氨氮 1 241 万吨和 119 万吨。截至 2019 年年底，全国共有污水集中处理设施 9 294 座，污水处理能力达 2.45 亿吨 / 日。

▌考察污水处理厂

↑ 2002 年 6 月，时任国家环境保护总局局长解振华与时任联合国环境规划署执行主任特普菲尔考察四川省成都市某污水处理厂。

污水处理厂
建设

↑ 2007 年 7 月，河北省高碑店市某污水处理厂。

02 工业水污染防治

　　2018 年，全国超过 97% 的省级及以上工业园区建成污水集中处理设施并安装自动在线监控装置。2019 年，开展工业园区污水整治专项行动，长江经济带 95% 的省级及以上工业园区建成污水处理设施并安装在线监测装置，建成 5.56 万千米污水收集管网。

工业园区
水污染防治

↑ 2012 年 10 月，江西省南昌市某工业园区污水处理效果对比。
（左边烧杯里是进入污水处理厂的污水，右边烧杯里是经过处
理后排出的达标水）

肆
重点工程水质保障

01 南水北调工程

　　南水北调工程，分东、中、西三条线路，东线工程以江苏省扬州市江都水利枢纽为起点，中线工程以汉江中上游丹江口水库为起点，供水区域为河南省、河北省、北京市、天津市。2000年以来，我国开展南水北调东线及中线河道治理、污染源治理、入河排污口整治等治污项目800多个。南水北调工程通水以来，水质稳定达标。东线干线水质持续达到Ⅲ类，中线干线水质优于Ⅱ类，已累计向受水区输水180亿米^3。目前，东线工程受水区山东省受益人口超过4 000万，中线工程惠及北京、天津、河北、河南4省（直辖市）19座大中城市，受益人口5 310多万，工程总受益人口近亿。

南水北调
应急演练

↑ 2017 年 5 月，国务院南水北调办与河北省政府
联合开展中线工程水污染事件应急演练。

南水北调东线
南四湖治理

↑ 2010 年 5 月，治理后的南四湖，
水质跃升为III类。

→ 2008 年 5 月，治理前的南四湖，
水质为劣 V 类。

海洋篇

我国是一个海洋大国，海域辽阔、岸线漫长、岛屿众多、资源丰富、生态多样，拥有大陆岸线 1.8 万千米，主张管辖海域面积约 300 万平方千米，海洋物种达 2.5 万多种，拥有海湾、河口、海岛、盐沼、滩涂、海草、红树林、珊瑚礁等众多类型的海洋生态系统。我国海洋生态环境保护工作起步于 20 世纪 70 年代初。1982 年，《中华人民共和国海洋环境保护法》（以下简称《海洋环境保护法》）的正式颁布实施，标志着海洋生态环境保护工作进入了法制化轨道，此后相继颁布《防治船舶污染海域管理条例》（1983 年）、《海洋石油勘探开发环境保护管理条例》（1983 年）、《海洋倾废管理条例》（1990 年）和《防治海岸工程建设项目污染损害海洋环境管理条例》（1990 年）。1999 年 4 月，国务院将渤海纳入全国环境保护工作重点，即"33211"工程之一，原国家环境保护总局联合国家海洋局等单位共同编制《渤海碧海行动计划》，这是我国首个跨部门、跨省市的海洋环境整治联合行动计划。2000 年以后，我国开展"蓝色海湾""南红北柳""生态岛礁"等海洋生态保护修复工作；在近岸海域全面划定实施海洋生态保护红线，将全国 30% 的近岸海域和 35% 的自然岸线纳入生态红线管控范围；建立各级各类海洋自然保护区、海洋特别保护区约 270 处，面积 12 万多平方千米；在浙江、海南全省推进湾长制；组织制定渤海综合治理攻坚战行动计划，开展渤海综合治理攻坚战。党的十八大以来，经济社会发展步入新常态，海洋环境质量整体企稳向好，全海域四类和劣四类水质海水面积从 2012 年的 9.3 万平方千米减少到 2017 年的 5.2 万平方千米，受监控的典型海洋生态系统亚健康和不健康状态比例有所下降，河流入海污染物总量出现下降，局部地区生态系统得到有效修复恢复。2019 年，管辖海域一类水质海域面积比例为 97.7%，全国近岸海域水质总体稳中向好，优良（一类、二类）水质海域面积比例为 76.6%。

海洋生态环境调查与监测

01 管辖海域调查与监测

　　我国海洋调查工作始于 20 世纪五六十年代。1979 年，原东北海洋工作站扩建为海洋环境保护研究所，同年，国家科委海洋组环保分组成立，负责我国近海重点海域污染调查监测等工作。1983 年，我国相关地区和部门先后对渤海、黄海、东海、南海约 45 万平方千米的海域开展综合、专题调查和监测。1984 年，全国海洋环境污染监测网成立。经过三十多年的发展，目前，全国有海洋环境监测站位 1.2 万多个，逐步形成了覆盖国家、省、市、县四级的海洋环境监测机构体系；海洋环境在线监测系统 200 余套，拥有 40 余艘用于海洋环境监测的船舶，建成 12 套坐底式海床基监测系统，初步形成了包括各类浮标、潜标、卫星、雷达、飞机、船舶和海床基等在内的海洋立体监测系统。

国家科委海洋组
环保分组成立

← 1979 年，国家科委海洋组
环保分组成立。

全国海洋环境污染监测网
协调领导小组会议

↑ 1987 年，全国海洋环境污染监测网协调领导小组会议在北京市召开。

海洋监测

↑ 2017 年 5 月，海洋环境监测船在渤海海域采集水体样品。

▌海域水体样品采集

↑2019 年 7 月 16 日，生态环境部第一艘专业海洋生态环境监测船——"中国海监 108"船从辽宁省大连市出发执行入列后的首个任务，为渤海做全身深度"体检"。

02 大洋和极地调查

　　经过三十多年的发展，我国大洋工作从单纯的科学调查转向对生物、矿产等多种环境和资源的全面认知，在历次大洋科学考察中发现具有很高科研价值的海山生物群落，并开展海洋微塑料等新型环境问题监测。

　　我国极地事业经过三十多年的发展，实现了从无到有的历史性转变。目前，我国在南极建有长城站、中山站、昆仑站、泰山站四个考察站，已经完成第五个考察站——罗斯海新站选址调查工作。我国在北极建有黄河站，是第八个在挪威斯匹次卑尔根群岛建立北极科考站的国家。

大洋环境调查

⬆ 1984 年，参与中国首次南极和南大洋考察的工作人员。

极地生态
环境调查

↑ 1999 年，中国开展首次北极科学考察。

贰
海洋生态保护与修复

01 海洋保护区

　　自 1990 年和 2002 年我国分别设立第一个海洋自然保护区和海洋特别保护区后，海洋保护区规模和能力同步提升。目前，共建立各级各类海洋自然保护区、海洋特别保护区约 270 处，面积 12 万多平方千米，占管辖海域总面积的 4.1%，实现了从无到有、由小变大的跨越式发展。2016 年，在近岸海域全面划定实施海洋生态保护红线，将全国 30% 的近岸海域和 35% 的自然岸线纳入生态红线管控范围。

海洋保护区

↑ 2004 年 7 月，浙江省南麂岛大沙岙海岸。该海岸是首批国家级海洋自然保护区之一。

02 海洋生态修复

  2010 年以来，我国开展了"蓝色海湾""南红北柳""生态岛礁"等重大修复工程，支持沿海各地开展海域、海岛、海岸带整治修复及保护项目 292 个，累计修复岸线 190 多千米，修复海岸带面积超过 65 平方千米，修复沙滩面积超过 12 平方千米，恢复湿地面积超过 20 平方千米，北戴河、胶州湾、厦门湾、辽河口等区域整治修复成效显著。

海洋生态修复

↑ 2015 年，国家海洋环境监测中心在辽宁省开展翅碱蓬滨海湿地修复工程跟踪监测，对现场修复效果和生态环境变化进行样品现场采集与测定，为滨海湿地修复工程积累基础资料。

海域污染治理

01 海洋垃圾治理

　　2016 年，联合国环境大会把海洋塑料垃圾和微塑料问题与全球气候变化、臭氧耗竭和海洋酸化等并列为全球性重大环境问题。我国高度重视海洋垃圾和塑料垃圾防治，《海洋环境保护法》《海洋倾废管理条例》《水污染防治行动计划》等明确要求加强塑料陆源入海污染防控，严控塑料垃圾倾倒入海。此外，通过实施生活垃圾分类制度以及固体废弃物特别是塑料废弃物的回收利用等措施，有效减少了陆源和海源垃圾的输入，从源头上防止陆源垃圾入海。

▎海洋垃圾清理

↑2018年7月，河北省秦皇岛市金梦海湾举行"珍爱金沙共
护碧海"海洋垃圾清理活动，志愿者清理海洋垃圾。

02 海上溢油风险防范与应急处置

20 世纪 80 年代，我国颁布了《海洋石油勘探开发环境保护管理条例》，并编制海洋石油勘探开发溢油应急计划。经过三十多年的发展，尤其是党的十八大以来，海上溢油事故应急处置和监管能力持续提升，形成海洋石油勘探开发溢油应急预案，并组织实施油气开发平台和海底输油管道风险源排查，妥善应对处置相关重大环境突发事故，持续开展沿海地区陆源溢油污染风险防范等联合执法检查活动及溢油应急演习。

海上溢油风险防范

↑ 2010 年 7 月，辽宁省大连市南砣渔港，大连市环境监察工作人员在记录海上溢油情况。

海上溢油突发事件应急处理

↑ 2016 年 6 月，山东省威海海事局工作人员在威海国际海水浴场模拟海上溢油事故，现场摆放吸油毡。

肆

陆源入海污染防治

01 陆源污染治理

　　2017 年 3 月，原环境保护部等十部门联合印发《近岸海域污染防治方案》，填补了"十二五"以来近岸海域污染防治工作指导性文件的空白。近几年来，全国各海域开展陆源入海污染源排查与清理整顿，并针对无机氮和活性磷酸盐两个主要超标污染物，实施重点流域、重点行业氮磷排放总量控制，全面推进氮磷达标排放。通过污水处理设施升级改造、污水纳管、雨污分流、排放口规范化建设、封堵等措施，对一批非法和设置不合理的入海排污口开展了清理整治。

入海排污口排查

↑2018 年 6 月，河北省秦皇岛市北戴河区原环境
保护局工作人员在新河入海口检测河水的质量。

伍

重点海域综合治理

▲

01 渤海治理

渤海是我国唯一的半封闭型内海，自然生态独特、地缘优势显著、战略地位突出。20世纪90年代末，国家实施"33211"工程，将渤海污染防治纳入其中，并制定了《渤海碧海行动计划》。党的十八大以来，环渤海地区各级党委、政府实施入海河流治理、海湾综合整治、非法养殖清理等一系列措施，渤海海水水质企稳向好，局部区域生态环境质量出现改善。 2018年11月，生态环境部、国家发展改革委、自然资源部联合印发了《渤海综合治理攻坚战行动计划》；2019年，生态环境部分别于6月24日组织开展环渤海大连、唐山、天津（滨海新区）、烟台4市入海排污口现场排查，7月22日在环渤海营口、盘锦、锦州、葫芦岛、沧州、滨州、东营、潍坊等8市同步启动第二批入海排污口现场排查，来自17个沿海、沿江省份和生态环境部系统的1 500多名环保骨干参与实地排查。

渤海入海
排污口排查

↑ 2019 年 10 月，辽宁省营口市，为抵达河对岸查找
排污口，入海排污口排查人员正涉水翻越河沟。

02 湾长制试点

　　2017 年以来，浙江省和青岛、秦皇岛、连云港、海口等"一省四市"探索开展了湾长制试点工作。目前，各试点地区结合本地区实际，因地制宜，创新制度，纷纷探索出各具特色的湾长制制度模式。浙江省从"一打三整治"到"五水共治"，将湾长制纳入全省治水体系，形成"大治水"格局；青岛市实施重点海湾巡湾制度，强化执法督导；秦皇岛市逐级细化责任区域，做到"每一米海岸都有人管"；连云港市推动成立"民间湾长"志愿者队伍，充分调动社会力量参与；海口市专门制定出台了湾长制地方法规，使湾长制工作从试点走向依法行政。此外，山东省和海南省将试点工作拓展到全省范围，通过以点带动、以面实践的方式，逐步探索湾长制模式。

浙江省
湾长制试点

← 浙江省台州市石塘镇湾（滩）长
公示牌。

↓ 浙江省台州市石塘镇海湾。

净土篇

1991年9月4日，第七届全国人大常委会第21次会议批准了《控制危险废物越境转移及其处置巴塞尔公约》，公约成为我国固体废物立法的重要渊源。1994年5月，我国开始实施有毒化学品进出口环境管理登记；1995年10月，《中华人民共和国固体废物污染环境防治法》颁布实施，标志着我国固体废物环境管理进入法制化管理轨道。之后，我国陆续出台了《医疗废物管理条例》《危险废物经营许可证管理办法》等一系列配套法规和规范性文件，制定固体废物领域标准、规范、指南、导则200多项。2000年以后，我国开展全国土壤污染状况调查、铬渣无害化处理、全国地下水基础环境状况调查评估等工作。党的十八大以来，大力推进土壤污染防治及固体废物与化学品污染防治工作。2016年，国务院印发《土壤污染防治行动计划》；2017年，全国人大常委会修订《水污染防治法》，增加了地下水污染防治具体条款；2018年，第十三届全国人大常委会第五次会议通过《中华人民共和国土壤污染防治法》。2016年，在2005—2013年全国土壤污染状况调查的基础上，原环境保护部会同财政部、原国土资源部等部门开展土壤污染状况详查，进一步摸清土壤环境质量状况。目前，31个省份和新疆生产建设兵团完成农用地土壤污染状况详查。2017年以来，持续开展禁止洋垃圾进口和"清废行动"，2018年，全国固体废物进口总量2 263万吨，比2017年下降46.5%，2018年"清废行动"挂牌督办的1 308个突出问题全部整改完成。2018年12月，国务院办公厅出台《"无废城市"建设试点工作方案》，筛选确定广东省深圳市、内蒙古自治区包头市、青海省西宁市等"11+5"个城市及地区作为"无废城市"建设试点。2019年，生态环境部等五部门联合印发《地下水污染防治实施方案》，并开展试点示范。此外，近几年来，各地积极推进农业农村污染治理及农村环境综合整治，取得一系列成绩，2018年9月27日，浙江省"千村示范、万村整治"工程荣获联合国"地球卫士奖"。

土壤污染状况调查与详查

01 全国土壤污染状况调查

　　2005 年 4 月—2013 年 12 月，原国家环境保护总局（2008 年升格为环境保护部）会同原国土资源部开展了首次全国土壤污染状况调查。此次调查点位覆盖全部耕地，部分林地、草地、未利用地和建设用地，实际调查面积约 630 万平方千米。调查采用统一的方法、标准，基本掌握了全国土壤环境总体状况。调查结果显示，全国土壤环境状况总体不容乐观，部分地区土壤污染较重，耕地土壤环境质量堪忧，工矿业废弃地土壤环境问题突出。

▎采集土壤样品

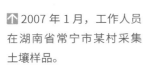
↑ 2007 年 1 月，工作人员在湖南省常宁市某村采集土壤样品。
→ 2008 年 4 月，工作人员在黑龙江省哈尔滨市某村采集土壤样品。

02 全国土壤污染状况详查

2016 年 12 月，原环境保护部、财政部、原国土资源部、原农业部、原卫生计生委联合编制《全国土壤污染状况详查总体方案》，在已有调查的基础上，查明农用地土壤污染的面积、分布及其对农产品质量的影响，掌握重点行业企业用地中污染地块的分布及其环境风险情况。2018 年，生态环境部会同财政部、自然资源部、农业农村部等部委，以农用地和重点行业企业用地为重点，扎实推进土壤污染状况详查工作。2019 年，完成农用地土壤污染状况详查，并重新核定各省份污染耕地治理目标。

农用地详查

↑→2018年4月，辽宁省农用地详查工作在全省全面铺开。这是在盘锦市详查时的工作场景。

重点行业企业用地调查

→ 2019 年 6 月，工作人员和专家组在上海市某企业调研企业用地初步采样调查工作。

↘ 2019 年 8 月，工作人员和专家组在北京市某企业开展企业用地基础信息调查工作。

贰

土壤污染防治

01 农用地安全利用

自 2009 年起，原环境保护部每年组织开展农村土壤环境质量试点监测，逐步建立农村土壤环境监测与评价体系，掌握农村土壤环境质量状况和主要问题。目前，试点监测工作共涉及上千个村庄，涵盖农田、园地、养殖场周边、企业周边、居民区周边、垃圾场周边、饮用水水源地周边及林地 8 种土地利用类型，分布在 24 个省（自治区、直辖市）及新疆生产建设兵团。2017 年 9 月，原环境保护部和原农业部联合发布《农用地土壤环境管理办法（试行）》，对农用地土壤污染状况调查、土壤污染状况监测、土壤环境质量类别划分、分类管理等制度做出具体规定，为加强农用地土壤环境保护监督管理、管控农用地土壤环境风险提供了政策依据。2017 年，原农业部会同原环境保护部在江苏、河南、湖南 3 省 6 县开展了耕地土壤环境质量类别划分试点。

探索发展无土
栽培食用菌

⬆ 贵州省铜仁市积极探索农用地安全利用，
探索发展无土栽培食用菌项目。

02 建设用地风险管控和修复

2016 年,《土壤污染防治行动计划》发布以来,我国陆续制定发布《污染地块土壤环境管理办法(试行)》《工矿用地土壤环境管理办法(试行)》《建设用地土壤污染风险管控标准》等相关法规标准,旨在防范工矿用地土壤污染,防控已污染地块环境风险,保障人居环境安全。目前,全国绝大多数省(自治区、直辖市)均已建立污染地块名录制度。生态环境、自然资源、住房和城乡建设等部门实现了污染地块信息共享。绝大多数省(自治区、直辖市)基本建立污染地块准入管理机制,各地自然资源等部门将建设用地土壤环境管理要求纳入城市规划和供地管理,需要实施风险管控、修复的地块不得作为住宅、公共管理与公共服务用地,确保土地开发利用符合土壤环境质量要求。

建设用地
风险管控

↑ 2016 年 5 月，江苏省靖江市马桥镇某石油化工厂污染地块施工现场，工人正在污染地块周边放置垂直屏障设施，加强污染地块风险管控。

建设用地土壤修复

↑ 2011 年 7 月，北京市某化工厂原地异位利用常温热解析法处理挥发性有机污染物现场，翻抛机通过搅动使污染土壤均匀受热，解析出的有机气体在密闭充气大棚内收集后处理，防止外溢造成二次污染。

03 土壤污染防治部门协调和信息共享

近年来，生态环境部会同国家发展改革委等九部委，根据"大平台、大数据、大系统"建设思路，建立了全国土壤环境信息平台，实现一张图可视化展示、数据共享交换、评估分析等功能，为土壤污染防治、城乡规划、农业生产等提供管理支撑。其中，2017年部署的全国污染地块土壤环境管理信息系统，实现了生态环境、自然资源、住房城乡建设三部门国家、省、市、县四级互通共享，对污染地块调查、评估、风险管控、治理修复等全过程监管和多部门联合监管发挥了重要作用。

土壤环境
信息平台

↑ 2018 年 4 月，四川省成都市蒲江县耕地
质量提升"5+1"综合服务中心工作人员在
展示土壤环境大数据。

叁

固体废物与化学品管理

01 危险废物环境管理

我国危险废物环境管理始于 20 世纪 90 年代。经过三十年的发展，我国建立了危险废物鉴别、管理计划、申报登记、转移联单、经营许可、应急预案、标识、出口核准等多项制度，制定了《国家危险废物名录》等 40 余项规章及标准规范指南。通过开展全国危险废物规范化环境管理督查考核等措施，促使危险废物产生、转移和处置全过程规范化环境管理，各地危险废物利用处置能力大幅提高。截至 2018 年年底，全国共有危险废物持证经营单位近 3 100 家，核准利用处置能力超过 9 000 万吨 / 年。

危险废物
填埋处置

↑ 北京市某危险废物填埋场。

危险废物
焚烧处置

⬆ 上海市某危险废物焚烧处置单位。

02 禁止洋垃圾入境、推进固体废物 进口管理制度改革

20 世纪 80 年代末，国际社会通过《控制危险废物越境转移及其处置巴塞尔公约》，规定各国有权禁止外国危险废物和其他废物进入本国领土，我国是缔约方之一。2017 年 7 月，国务院办公厅印发《禁止洋垃圾入境 推进固体废物进口管理制度改革实施方案》。2017 年以来，通过开展进口固体废物加工利用行业的专项行动、调整优化固体废物进口名录等措施，坚决将洋垃圾挡在了国门之外。2019 年全国固体废物进口总量为 1 347.8 万吨，比 2018 年下降 40.4%。

禁止洋垃圾入境

↑ 2017 年 12 月，福建省厦门市海关工作人员在海沧查验场查验走私的进口牛皮革洋垃圾。

03 "清废行动"

2018 年，生态环境部组织了打击固体废物环境违法行为专项行动即"清废行动 2018"，聚焦长江经济带 11 省（市）非法转移、倾倒固体废物的违法行为，在短时间内调动了任务区域以外 17 个省（自治区、直辖市）环境执法力量，抽调 3 000 人组成 150 个督查组。督查组以初步掌握的固体废物堆存点清单为基础，通过现场核实、沿江巡查、拓展排查等手段，对相关的 76 个地级市开展全面排查。督查期间各督查组共摸排 2 796 个固体废物堆存点。经过现场核实，发现存在问题的固体废物堆存点有 1 308 个，目前已全部完成整改。2019 年，生态环境部继续聚焦长江经济带开展"清废行动 2019"，实现长江经济带 126 个城市全覆盖，发现的 1 254 个问题中 1 163 个完成整改。

▌"清废行动 2019"

➡ 2019 年 1 月，生态环境部现场核查组对重庆市万州区新田集镇码头砂石侵占岸线问题整改情况进行现场核查。

⬆ 2019 年 5 月，生态环境部生态环境执法局工作人员会同当地政府、生态环境部门工作人员在四川省绵阳市安州区勘察现场，核实交办问题现场点位。

04 化学品环境管理

　　党的十八大以来，我国化学品环境管理不断取得新进展。实施新化学物质环境管理登记，建立源头管理的"防火墙"，防止存在环境风险的新化学物质进入我国；开展现有化学品环境风险评估与管控，制定《优先控制化学品名录（第一批）》《优先控制化学品名录（第二批）》；严格履行国际化学品领域相关公约，限制或淘汰持久性有机污染物等公约管制的化学品；印发《化学物质环境风险评估技术方法框架性指南（试行）》，逐步健全化学物质环境风险评估和管控技术标准体系。

化学品事故处理
应急演练

↑ 2008 年 12 月，江苏省连云港市海州区环保、消防等
单位在海州区某化工厂举行化学品事故处理应急演练。

05 重金属污染治理

　　20 世纪 70 年代，我国开始工业废渣综合利用。20 世纪
90 年代，我国开展含铬废渣污染防治。2005 年，国家发展改
革委、原国家环境保护总局联合发布《铬渣污染综合整治方案》，
要求对铬渣实施无害化处理。"十二五"期间，我国制定实施
了《重金属污染综合防治"十二五"规划》，重点区域的重点
重金属污染物排放量超额完成了减少 15% 的规划目标。2016
年以来，已关停涉重金属重点行业企业（或生产线）1 600 多
家（条），组织实施近 1 000 个重金属污染治理项目。2018 年
4 月，生态环境部印发《关于加强涉重金属行业污染防控的意
见》，开展涉重金属行业企业全口径排查；2019 年，全国累
计排查涉重金属企业 13 994 家，实施重金属减排工程 261 个。

废渣治理

↑ 1979 年 11 月，鞍钢炼铁厂将废渣制成水泥板预制件，避免环境污染。

"锰三角"地区
环境综合治理

↑ 2009 年 4 月，时任环境保护部部长周生贤调研湘黔渝交界"锰三角"地区环境综合整治情况，考察相关企业含锰含铬废水处理情况。

肆

农村生态环境保护

01 农业农村污染治理

　　治理农业农村污染，是实施乡村振兴战略的重要任务。近几年来，各地积极推进农业面源污染防治，我国农业农村污染得到一定控制。2018年11月，生态环境部、农业农村部联合印发《农业农村污染治理攻坚战行动计划》，对农业农村污染治理攻坚战做出部署，重点开展农村饮用水水源保护、生活垃圾污水治理、养殖业和种植业污染防治，严守生态保护红线，强化农业农村生态环境监管执法。

农村污染
处理治理

↑ 2017 年 4 月，浙江省安吉县南北湖村人工湿地处理设施。

02 农村环境综合整治

　　改善农村人居环境，建设美丽宜居乡村，事关全面建成小康社会，事关广大农民根本福祉，事关农村社会文明和谐。近年来，各地大力推进农村环境综合整治。截至 2018 年年底，全国完成 16.3 万个村庄环境综合整治。整治后的村庄人居环境明显改善，约 2 亿农村人口受益。2018 年 2 月，中共中央办公厅、国务院办公厅印发了《农村人居环境整治三年行动方案》，加快推进农村人居环境整治，进一步提升农村人居环境水平。同年 9 月 27 日，浙江省"千村示范、万村整治"工程（以下简称"千万工程"），荣获联合国"地球卫士奖"。2019 年，完成 2.5 万个建制村农村环境综合整治。

农村环境综合
整治效果

↑ 2017 年 4 月，环境综合整治后的浙江省安吉县南北湖村。

浙江"千万工程"
获奖

↑ 2018年9月27日，中国浙江"千万工程"
在美国纽约获联合国"地球卫士奖"。

伍
地下水污染防治

01 全国地下水基础环境状况调查评估

  2011—2017 年，原环境保护部会同原国土资源部、水利部、财政部联合部署全国地下水基础环境状况调查评估工作，初步建立了我国地下水型饮用水水源和重点污染源（简称"双源"）清单，掌握了约 17.5 万个地下水型饮用水水源（包括城镇和农村集中式地下水型饮用水水源）和 16.3 万个地下水重点污染源（包括加油站、工业污染源、垃圾填埋场、危废处置场、矿山开采区、再生水灌溉区、高尔夫球场）的基本信息和环境管理状况。初步掌握了我国地下水型饮用水水源和部分污染源周边地下水环境状况，基本建立了全国地下水基础环境状况调查评估制度和信息平台。

地下水基础环境
状况调查

↑2014 年 6 月，地下水环境调查监测井施工现场。
← 全国地下水环境调查评估技术示范基地——北京市
昌平区地下水环境监测井。

02 实施《地下水污染防治实施方案》

2019年3月28日，生态环境部会同自然资源部等五部门联合印发《地下水污染防治实施方案》，主要围绕实现近期目标"一保、二建、三协同、四落实"："一保"，即确保地下水型饮用水水源环境安全；"二建"，即建立地下水污染防治法规标准体系、全国地下水环境监测体系；"三协同"，即协同地表水与地下水、土壤与地下水、区域与场地污染防治；"四落实"，即落实《水污染防治行动计划》确定的四项重点任务，开展调查评估、防渗改造、修复试点、封井回填工作。2019年9月12日，生态环境部印发《关于开展地下水污染防治试点申报工作的通知》，将典型污染源防渗改造、地下水污染修复、废弃井封井回填纳入地下水污染防治试点。自2019年6月以来，生态环境部印发《污染地块地下水修复和风险管控技术导则》等5项技术文件，进一步指导、推动各地开展地下水环境状况调查评价、污染风险评估、污染防治分区划分、治理修复等地下水污染防治工作。

地下水污染防渗改造及修复

➡ 2018 年 12 月，湖北省武汉市某垃圾填埋场地面防渗改造工程（HDPE 膜技术）。

⬇ 2018 年 8 月，北京市某化工厂采用多相抽提技术进行地下水原位修复试验现场。

生态篇

1956 年，我国建立第一个国家级自然保护区——鼎湖山自然保护区。1978 年，实施"三北"防护林体系建设工程。1981 年，我国开启全民义务植树活动，之后逐步实施保护天然林、退耕还林还草等一系列生态保护重大工程，不断筑牢祖国生态安全屏障。1987 年，《中国自然保护纲要》《中国自然保护地图集》出台，系统反映了我国自然环境与自然资源。20 世纪 90 年代，我国进一步加强野生物种保护和自然保护区的统一监督管理，相继实施《自然保护区条例》（1994 年）、《自然保护区监督管理办法》（1990 年）、《珍稀濒危物种管理办法》（1990 年）、《自然保护区土地管理办法》（1995 年）等一系列法规和部门规章；此外，1997 年，在全国各城市开展创建国家环境保护模范城市活动。2000 年以后，我国坚持保护优先、自然恢复为主，实施山水林田湖草生态保护和修复工程，开展国土绿化行动，划定生态保护红线，加强生物多样性保护。2000 年，开展生态省、生态示范区创建。2016 年，开展"绿水青山就是金山银山"实践创新基地，涌现出一批经济社会与生态环境协调发展的先进典型，通过典型示范引领，推动各地不断改善生态环境质量。2017 年，原环境保护部、原国土资源部、水利部、原农业部、原国家林业局、中国科学院、国家海洋局七部门联合组织开展"绿盾"专项行动，实现对国家级自然保护区的全覆盖，是我国自然保护区建立以来检查范围最广、查处问题最多、追查问责最严、整改力度最大的一次专项行动。2018 年 2 月，京津冀 3 省（市）、长江经济带 11 省（市）和宁夏回族自治区等 15 省份生态保护红线划定方案已经国务院批准，划定生态保护红线面积约占 15 省份国土总面积的 25%。

壹

自然保护地监管

01 自然保护区

　　1956 年，我国建立鼎湖山自然保护区。1980 年，辽宁蛇岛、老铁山被列为国家重点自然保护区，是第一个由环境保护部门管理的国家级自然保护区。截至 2018 年年底，我国已建成 2 750 处自然保护区（国家级 474 处），陆域面积约占全国陆地面积的 14.86%，已基本形成类型比较齐全、布局基本合理、功能相对完善的自然保护区体系。近几年来，针对甘肃省祁连山、陕西省秦岭北麓等严重破坏自然保护区生态环境事件，严肃查处典型违法违规活动，约谈、督办一批国家级自然保护区；建立自然保护区"天地一体化"人类活动遥感监控和核查体系，对国家级自然保护区开展遥感监测，并组织实地核查。

自然环境与自然资源现状调查

➜ 1983 年 7 月，工作人员在贺兰山上进行森林调查，组织各方面力量，为保护和利用贺兰山的自然资源提供科学依据。

鼎湖山国家级
自然保护区

➜ 1981 年 3 月，工作人员在鼎湖山天然森林里观察植物生长情况。

辽宁省蛇岛老铁山
国家级自然保护区

↑ 2006 年 10 月，辽宁省蛇岛老铁山
国家级自然保护区。
→ 2006 年 10 月，辽宁省老铁山生态
监测管理站。

甘肃省祁连山
自然保护区整治

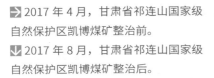
→ 2017 年 4 月，甘肃省祁连山国家级
自然保护区凯博煤矿整治前。
↓ 2017 年 8 月，甘肃省祁连山国家级
自然保护区凯博煤矿整治后。

秦岭北麓西安段
违建别墅整治

↑ 2018 年 9 月，陕西省秦岭违建别墅拆除前。

↑ 2018 年 9 月，陕西省秦岭违建别墅拆除中。

↑ 2018 年 10 月，陕西省秦岭违建别墅拆除后恢复植绿。

02 "绿盾"专项行动

　　2017年7月至12月，原环境保护部、原国土资源部、水利部、原农业部、原国家林业局、中国科学院、国家海洋局七部门联合组织开展了"绿盾2017"国家级自然保护区监督检查专项行动，坚决查处涉及国家级自然保护区的违法违规问题。"绿盾2017"首次实现对446处国家级自然保护区的全覆盖，共调查处理了2.08余万个涉及自然保护区的问题线索，关停取缔企业2 460多家，强制拆迁590多万平方米建筑设施，是我国自然保护区建立以来检查范围最广、查处问题最多、追查问责最严、整改力度最大的一次专项行动。为深入贯彻习近平生态文明思想，持续认真落实《中共中央国务院关于全面加强生态环境保护 坚决打好污染防治攻坚战的意见》，2018年、2019年，生态环境部等相关部门持续开展"绿盾"专项行动，保持监管高压，切实提升自然保护区（地）建设管理水平。截至2019年年底，三年累计发现342个国家级自然保护区存在重点问题5 740个，已完成整改3 986个。

"绿盾"专项行动
问题清单汇总

← 2018 年 3 月，生态环境部卫星中心生态环境遥感部办公室，自然保护区工作小组编制和汇总讨论 31 个省（自治区、直辖市）的"绿盾 2018"自然保护区监督检查专项行动重点问题清单，给即将开始的实地核查提供问题线索。

"绿盾"专项
行动巡查

↑ 2018 年 9 月，"绿盾 2018"第三巡查组在位于吉林珲春东北虎国家级自然保护区核心区的板石玉仙采石场巡查。

贰
生态示范创建

01 国家环境保护模范城市

1997年5月，原国家环境保护局下发《关于开展创建国家环境保护模范城市活动的通知》，决定在全国各城市开展创建国家环境保护模范城市活动。通过创建活动，树立一批环境与社会、经济协调发展，环境优美的环境保护模范城市，以此推动我国环境保护进程。从1997年到2008年5月，共命名67个国家环境保护模范城市和5个国家环境保护模范城区，这些地区成为推进环境与社会、经济协调发展的榜样。

国家环境保护
模范城市

↑ 新疆维吾尔自治区克拉玛依市是因资源开发而崛起的石油城市，为实现可持续发展，该市在清洁生产的基础上，推进资源转型，人居环境不断改善。2004 年，获得"国家环境保护模范城市"称号。

02 生态示范区、生态省创建

　　1995 年，全国生态示范区建设试点正式启动，从 1996 年到 1999 年，全国先后分四批开展了广东省珠海市等 154 个国家级生态示范区建设试点，部分省（区）开展省级生态示范区建设。2000 年以后，《全国生态环境保护纲要》提出生态省建设，福建省、浙江省率先启动。经过十多年的发展，目前，福建、浙江、辽宁、天津、海南、吉林、黑龙江、山东、安徽、江苏、河北、广西、四川、山西、河南、湖北 16 个省（自治区、直辖市）开展了生态省建设，超过 1 000 多个市、县、区大力开展生态市县建设，183 个地区获得生态市县命名，涌现一批经济社会与资源环境协调发展的先进典型。

生态示范区

↑ 2018 年 7 月，内蒙古自治区鄂尔多斯恩格贝生态示范区的技术员查看西瓜的生长情况。恩格贝生态示范区，地处库布齐沙漠中段北缘。目前，植被覆盖率达到 78%，生态环境的改善带动了沙产业和旅游业的发展，恩格贝先后荣获"全国低碳国土实验区""中国生物多样性保护与绿色发展示范基地"和"全国生态旅游示范创建城市"等多项殊荣。

生态省

↑2010 年 6 月，海南省琼中县境内山峦叠起。自 1999 年海南
率先在全国实施建设绿色生态省以来，森林覆盖率每年平均增
长 1 个百分点，目前，全省森林覆盖率达到 60.2%。

03 国家生态文明建设示范市县

2017 年，原环境保护部命名北京市延庆区等 46 个地区为第一批国家生态文明建设示范市县。2018 年，生态环境部命名山西省芮城县等 45 个地区为第二批国家生态文明建设示范市县。2019 年，生态环境部命名北京市密云区等 84 个地区为第三批国家生态文明建设示范市县。目前，生态环境部已命名 175 个国家生态文明建设示范市县。

国家生态文明
建设示范市县

↑ 2019 年 4 月，位于北京市延庆区的北京世园会园区。
延庆区位于北京市西北部，是北京西北部重要的生态保育
及区域生态治理协作区。2017 年 9 月，北京市延庆区入
选全国生态文明建设示范区。

04 "绿水青山就是金山银山"实践创新基地

2016 年 9 月，原环境保护部将浙江省安吉县列为"绿水青山就是金山银山"理论实践试点县。安吉县积极践行、扎实推进试点工作，在生态文明建设中发挥了示范引领作用。2017 年 9 月，原环境保护部在浙江省安吉县召开全国生态文明建设现场推进会，并在安吉试点经验的基础上，命名浙江省安吉县等 13 个地区为第一批"绿水青山就是金山银山"实践创新基地。2018 年 12 月，在中国生态文明论坛南宁年会上，生态环境部命名表彰了亿利库布齐生态示范区等全国第二批 16 个"绿水青山就是金山银山"实践创新基地。2019 年 11 月，生态环境部命名北京市门头沟区等 23 个地区为第三批"绿水青山就是金山银山"实践创新基地。目前，生态环境部已命名 52 个"绿水青山就是金山银山"实践创新基地。

"绿水青山就是金山银山"
实践创新基地

↑ 2005 年 8 月，时任浙江省委书记的习近平同志在浙江省安吉县余村
考察时，提出了"绿水青山就是金山银山"的科学论断。2018 年 3 月，
游客在"绿色青山就是金山银山"实践创新基地——浙江省安吉县留影。

生态保护红线监管

01 生态保护红线划定

生态保护红线是指在生态空间范围内具有特殊重要生态功能、必须强制性严格保护的区域，是保障和维护国家生态安全的底线和生命线。2017年2月，中共中央办公厅、国务院办公厅发布《关于划定并严守生态保护红线的若干意见》，明确以改善生态环境质量为核心，以保障和维护生态功能为主线，按照山水林田湖系统保护的要求，划定并严守生态保护红线，实现一条红线管控重要生态空间，确保生态功能不降低、面积不减少、性质不改变，维护国家生态安全，促进经济社会可持续发展。2018年2月，京津冀3省（市）、长江经济带11省（市）和宁夏回族自治区等15省份生态保护红线划定方案已经国务院批准，划定生态保护红线面积约占15省份国土总面积的1/4。

天津市生态保护
红线划定

⬆ 天津市生态保护红线内饮用水水源保护区——于桥水库。2018 年
9 月，天津市发布了《天津市生态保护红线》，陆海统筹划定生态保护红
线总面积 1 393.79 平方千米（扣除重叠），占全市陆海总面积的 9.91%。

02 生态保护红线标识

　　生态保护红线标识取自书法和象形文字"山"的意向形，体现"绿水青山就是金山银山"的思想，同时，鲜红的红线给人以警示，传达生态保护红线是生态安全底线和生命线的本质。整个标识造型开放舒展、色彩鲜明，充分展现了生态保护红线这一生态保护领域"中国名片"的风采。

生态保护
红线标识

生态保护红线
ECO – REDLINE

↑ 2018 年 11 月 12 日，生态环境部、自然资源
部在北京市联合发布生态保护红线标识。

肆
生物多样性

01 物种保护

　　我国是世界上生物多样性最为丰富的国家之一，拥有高等植物 34 984 种，居世界第三位；脊椎动物 6 445 种，占世界总种数的 13.7%；已查明真菌种类约 1 万种，占世界总种数的 14%。2008 年，原环境保护部联合中国科学院启动了中国生物多样性红色名录的编制工作，历时 10 年，完成了对我国 34 450 种高等植物、4 357 种脊柱动物（除海洋鱼类以外）和 9 522 种大型真菌受威胁状况的评估。2013 年、2015 年和 2018 年分别正式发布了《中国生物多样性红色名录——高等植物卷》《中国生物多样性红色名录——脊椎动物卷》和《中国生物多样性红色名录——大型真菌卷》。

▎野生动物保护

麋鹿重返家园 赠送仪式 展览开幕式

↑ 1985年11月，时任国家环境保护局局长曲格平在北京市参加麋鹿重返家园活动。麋鹿是国家一级保护动物。这个物种曾在中国灭绝80余年，直到1985年，英国乌邦寺公园的主人塔维斯托克侯爵送给我国22头麋鹿，麋鹿得以重回它最后消失的地方——北京市南海子公园。

珍稀濒危物种

↑ 普氏原羚，国家一级保护动物，被列入《中国生物多样性红色名录》极危等级（CR）。

02 《生物多样性公约》

1992 年，我国正式签署《生物多样性公约》，在生物多样性保护领域开展了一系列卓有成效的工作，为履行国际义务做出了重要贡献。2016 年 12 月 9 日，我国获得 2020 年公约第 15 次缔约方大会（COP15）的主办权，第一次在中国举办《生物多样性公约》缔约方大会，这不仅取决于我国改革开放以来日益增长的综合国力，而且与生物多样性保护所取得的成绩、对全球生物多样性保护的贡献密不可分。

获得 COP15 主办权

↑ 2016 年 12 月，《生物多样性公约》第 13 次缔约方大会
批准我国获得 2020 年第 15 次缔约方大会主办权。

03 生物多样性调查观测

2015 年 7 月，生物多样性保护重大工程领导小组和管理办公室成立，在京津冀、长江经济带等区域 30 多个县域和长江下游干流、赣江、鄱阳湖、洞庭湖等水域开展了生物多样性调查评估试点，初步掌握了相关区域生物多样性本底状况。目前，我国已建成 440 余个生物多样性观测样区，对鸟类、两栖动物、哺乳动物、蝴蝶等类群开展了常规观测，初步构建了生物多样性观测数据库和信息平台，为全面开展生物多样性保护重大工程提供了宝贵的经验和坚实的技术支撑。

生物多样性
综合调查

↑ 2016 年 10—11 月，工作人员开展生物多样性综合调查。

核安全篇

我国放射环境管理始于 20 世纪 50 年代，当时我国已开展核技术应用工作。环境保护部门介入放射环境管理是在 1973 年。1973 年，第一次全国环境保护工作会议组织制定了我国第一部国内公开辐射防护标准——《放射防护规定》（GBJB—74），奠定了我国辐射环境管理的基准。1984 年 7 月，国家核安全局成立。20 世纪 80 年代，先后成立了苏州核安全中心、北京核安全审评中心以及第一届核安全专家委员会。20 世纪 90 年代分别设立了上海核安全监督站、广东核安全监督站、成都核安全监督站和北方核安全监督站，1990 年，颁布了《中华人民共和国放射环境管理办法》。1998 年，国家核安全局并入国家环境保护总局。2000 年以后，我国持续健全核与辐射安全管理体系。2003 年，《中华人民共和国放射性污染防治法》颁布实施。2018 年 1 月 1 日，《中华人民共和国核安全法》实施，构成核与辐射安全顶层法律，建立国家核安全工作协调机制，形成涵盖 2 部法律、7 部行政法规、27 项部门规章、95 项导则及 85 项标准的法规标准体系。目前，已建立全国辐射环境质量监测、重要核与辐射设施监督性监测、核与辐射应急监测三张监测网络，全面评估我国核电厂应对极端自然事件以及防范和抵御严重事故的能力。我国现有核电运行机组 47 台，在建 13 台，民用研究堆 19 座，民用核燃料循环设施 18 座。核电机组性能指标综合排序位居世界前列，未发生国际核事故分级表 2 级及以上的事件或事故。截至 2018 年 12 月，在用放射源 14.3 万枚，废旧放射源 20.2 万枚，射线装置 18.1 万台，放射源辐射事故年发生率达到历史最低水平。

壹

核安全治理体系建设

01 核安全机构设置

　　1984 年 7 月，国家核安全局成立。1987 年年初，国家核安全局设立了我国第一个地区核安全监督站——上海核安全监督站。同年 7 月设立广东核安全监督站。1989 年，组建了北京核安全中心。1990 年，设立成都核安全监督站。1996 年，设立北方核安全监督站。2006 年，设立东北核与辐射安全监督站和西北核与辐射安全监督站。1998 年，国家核安全局并入原国家环境保护总局。经过三十多年的发展，逐步建立了中央机关、地区监督站、技术支持单位"三位一体"的监管体制，形成中央机关百人、中央本级千人、全国万人的人员规模。2016 年 9 月，国际原子能机构对我国开展核与辐射安全监管综合评估，充分肯定了我国政府对确保核与辐射安全做出的努力，认为我国核与辐射安全监管与国际完全接轨，国家核安全局是有效可靠的核与辐射安全监管部门。

核与辐射安全
监管综合评估

↑2016 年 9 月，国际原子能机构进行现场综合评估，
认为中国核安全监管是有效可靠、与国际接轨的。

02 监管能力建设

　　经过三十多年的发展，我国已建成全国辐射环境质量监测、重要核与辐射设施监督性监测、核与辐射应急监测 3 张监测网络，建成国控自动站 167 个、重要核设施监督性监测自动站 158 个，全面覆盖各直辖市、省会城市、重要江河湖泊和重要核设施，实现了全国辐射环境质量数据实时发布；建成 3 支核电集团核事故场内应急支援队，指导完成第一轮省级辐射事故演习，提升了核与辐射应急响应能力。

辐射监测

2011 年 4 月，北京市密云区辐射环境自动监测站。

2014 年 8 月，工作人员开展辐射环境监测。

核事故应急演习

↑ 2011 年 4 月，秦山核电基地，工作人员进行核事故应急演习，以提高应急响应能力。

03 核安全文化建设

2014 年 3 月，国家主席习近平在第三届核安全峰会上阐述理性、协调、并进的核安全观，呼吁国际社会携手合作，实现核能持久安全发展。同年 12 月，国家核安全局、国家能源局、国家国防科技工业局联合发布《核安全文化政策声明》，开展核安全文化宣贯专项行动，覆盖持证单位 2 万家，实施安全改进 2 000 项，全面提升行业和社会核安全文化水平。此外，生态环境部（国家核安全局）牵头建立中央督导、政府主导、企业作为、社会参与的核安全公众沟通体系，组织动员千余家单位开展全民国家安全教育日活动，活动累计覆盖超 2 亿人次，保障了社会公众知情权、参与权和监督权。

核与辐射
安全教育

↑ 2014 年 5 月，公众参观福建省核与辐射环境安全教育基地。

↑ 2019 年 6 月，广西壮族自治区核与辐射安全监管科普展厅，
工作人员向学生讲解核与辐射科普知识。

贰

核电安全监管

01 核电厂安全监管

生态环境部(国家核安全局)对核电厂的选址、设计、建造、运行和退役等各阶段实施独立的核安全监管；从高、从严建立核安全法规标准体系，实施严格的分阶段核安全许可制度，深入细致地开展技术审查和现场监督，形成了一套行之有效、既符合国情又接轨国际的核安全监管体系，充分保障公众和环境安全。

秦山核电厂

↑ 1990 年 11 月，原上海核安全监督站监督员见证秦山核电厂一回路水压试验成功。

↑ 2011 年 4 月，原环境保护部华东核与辐射安全监督站工作人员在秦山第三核电厂
进行定期试验现场见证监管。

大亚湾核电厂

安全第一 质量第一 追求卓越

↑ 2011 年 4 月，大亚湾核电厂核心主控室，操作人员对阀门进行开闭操作。

← 2011 年 4 月，大亚湾核电厂。

台山核电厂

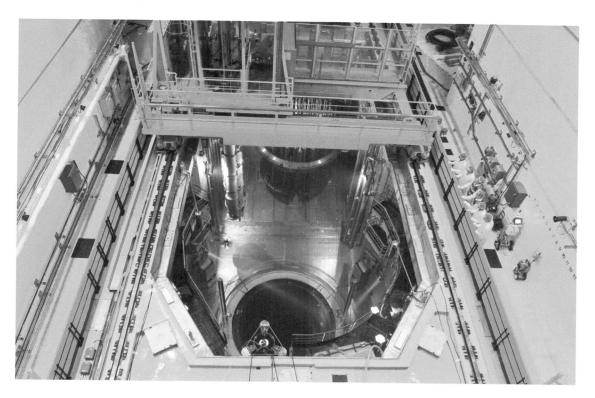

↑ 2018 年 4 月，现场监督员见证台山核电厂 1 号机组第一组燃料组件操作。

叁

辐射源安全监管

01 核燃料循环及放射性物品运输监管

我国逐步建立起包括铀矿冶、铀转化、铀浓缩、核燃料元件加工、乏燃料后处理和放射性废物处理处置等完整的核燃料循环体系，全国 18 座民用核燃料循环设施保持良好安全记录。为加强放射性物品运输管理，我国对放射性物品运输活动实施运输审批，对放射性物品运输容器设计、制造单位实施许可管理。

放射性物品
运输监管

↑ 2019 年 6 月，生态环境部辐射源安全监管司在中国辐射防护研究院试验场开展 OP48 型六氟化铀运输货包自由下落试验见证。

02 放射性废物管理

我国推行放射性废物分类处置，低中水平放射性废物在符合核安全要求的场所实行近地表或中等深度处置，高水平放射性废物实行集中深地质处置。目前，2座低中水平放射性固体废物处置场正在运行，并正在开展高放废物地质处置场选址工作。核设施营运单位、放射性废物处理处置单位依法对放射性废物进行减量化、无害化处理处置，确保永久安全。各省、自治区、直辖市全部建成城市放射性废物库，集中贮存并妥善处置核技术利用放射性废物。此外，我国推进乏燃料安全贮存处理，加快放射性废物处理处置能力建设。

环境辐射监测

↑ 2011 年 4 月，工作人员在大亚湾核电站附近进行环境辐射监测。

03 辐射安全监管

　　我国对放射源实行从"摇篮"到"坟墓"的全过程动态管理，将所有涉源单位纳入政府监管范围，建立国家核技术利用管理数据库。截至 2018 年 12 月 31 日，我国在用放射源 14.3 万枚，各类射线装置 18.1 万台，废旧放射源 20.2 万枚，放射源和射线装置 100% 纳入许可管理，废旧放射源 100% 安全收贮。放射源辐射事故年发生率持续降低，由 20 世纪 90 年代的每万枚 6.2 起降至目前的每万枚 1.0 起以下，达到历史最低水平。持续实施已关停铀矿冶设施的退役治理和环境恢复，目前已完成 29 个铀矿山的退役整治，通过规范铀矿冶废石、废水、尾矿（渣）的环境管理，确保辐射环境安全。

核查放射源台账

↑ 2017 年 5 月，监督员核查放射源台账。

肆

重大核安全风险应对

01 国内核安全风险应对

　　汶川、雅安等地地震期间，国家核安全局第一时间启动核与辐射事故应急预案，开展核与辐射应急响应以及地震灾区核与辐射装置的监管和排查，并在地震后进行核设施和辐照装置的安全评估和安全检查，确保核与辐射安全。

▎地震核与辐射应急

➡ 2008 年 5 月，工作人员
在四川省汶川市开展抗震
救灾应急响应 。

02 国外核安全风险应对

　　2011 年，日本大地震引发核电站事故后，国家核安全局全面启动全国辐射环境监测网络，加强辐射环境监控预警和重点区域的应急移动监测，黑龙江、浙江、广东等省（自治区、直辖市）环保厅（局）所属的环境辐射监测站共派出 19 个车载移动监测组，在靠近日本的沿海或敏感区域开展应急监测。之后，国家核安全局持续开展福岛核事故后安全改进，形成相应事故应对能力。

日本福岛
核辐射应对

↑ 2011 年 3 月，原环境保护部核与辐射安全中心派出辐射环境监测移动实验室和专业技术人员在北京市密云水库开展辐射环境应急监测。

↑ 2011 年 3 月，天津市辐射环境管理所工作人员在城区监测站取样。

应对气候
变化篇

20 世纪 80 年代起，气候变化问题就引起了世界各国的重视，国际社会一直在寻找公平合理地控制温室气体排放、解决气候变化问题的途径，并取得了重要进展。1988 年，世界气象组织和联合国环境规划署联合建立联合国政府间气候变化专门委员会（IPCC），就气候变化的科学、影响和对策措施进行评估。1992 年，联合国环境与发展大会开放签署《联合国气候变化框架公约》，公约于 1994 年生效，成为国际应对气候变化谈判的主渠道，并达成一系列成果：1997 年达成《京都议定书》，要求发达国家承担量化的减排指标；2015 年 12 月达成的《巴黎协定》于 2016 年生效，进一步明确了全球绿色低碳发展的大方向和 2020 年后全球气候治理的相关制度安排。积极应对气候变化是中国可持续发展的内在要求，也是推动构建人类命运共同体的责任担当。中国作为《联合国气候变化框架公约》《京都议定书》和《巴黎协定》的缔约方，积极引导应对气候变化国际合作，成为全球生态文明建设的重要参与者、贡献者、引领者。党的十八大以来，我国陆续出台了《国家应对气候变化规划（2014—2020）》《国家适应气候变化战略》《"十三五"控制温室气体排放工作方案》等应对气候变化政策文件，采取了优化产业结构、节能和提高能效、发展非化石能源、增加森林碳汇、建设全国碳排放权交易市场等一系列行动举措，努力走符合中国国情的绿色、低碳、循环发展道路。2018 年，中国单位 GDP（国内生产总值）二氧化碳排放较 2005 年降低 45.8%，提前完成 2020 年单位 GDP 二氧化碳排放降低 40% ～ 45% 的目标，为实现中国 2030 年前后碳排放达峰并争取尽早达峰奠定了坚实基础。

减缓气候变化

01 制定控制温室气体排放目标

　　2009 年，我国政府提出，到 2020 年单位 GDP 二氧化碳排放比 2005 年下降 40% ~ 45%。自"十二五"开始，我国将碳排放强度目标作为约束性指标纳入国民经济和社会发展规划。《中华人民共和国国民经济和社会发展第十二个五年规划纲要》提出，到 2015 年单位 GDP 二氧化碳排放比 2010 年下降 17% 的目标。《中华人民共和国国民经济和社会发展第十三个五年规划纲要》提出，到 2020 年单位 GDP 二氧化碳排放比 2015 年下降 18% 的目标。据测算，"十二五"已超额完成了碳排放强度下降 17% 的约束性目标。"十三五"前三年，超额完成了序时进度目标。

绿色低碳发展

↑ 2013 年 12 月，我国首条低碳环保高速公路——重庆至成都
高速公路重庆段建成通车，减少温室气体排放近 50%。

02 控制温室气体排放

　　我国通过强化应对气候变化规划引导和目标管控，调整经济结构与产业结构、优化能源结构、节约能源和提高能效、加强非二氧化碳温室气体排放控制、努力增加碳汇等措施控制温室气体排放，并提前实现 2020 年森林蓄积量目标。根据美国航天局卫星观测，过去 20 年中，中国和印度主导地球变得越来越绿。近几年来，组织开展三氟甲烷（HFC-23）的销毁处置，并建成或运营的万吨级以上碳捕集示范项目约 13 个。

▎国土绿化

↑ 2018 年 8 月，治理后的山西省右玉县小南山森林公园。

← 治理前的山西省右玉县荒凉沙地。

↑ 2017 年 12 月 5 日，河北省承德市塞罕坝林场建设者荣获联合国环保最高奖项"地球卫士奖"。自 1962 年建场以来，塞罕坝坚持不懈地植树造林、营林护林，林地面积由建场前的 24 万亩[①]增加到 112 万亩，森林覆盖率由 12% 增加到 80%，林木蓄积量由 33 万米^{3}增加到 1 012 万米^3，有效地阻止了浑善达克沙地南侵。同时，这片林场每年为京津地区涵养水源、净化水质 1.37 亿米^3，释放 54.5 万吨氧气。

① 1 亩 =666.667 平方米。

▍二氧化碳捕集

↑ 2008 年，华能集团公司在华能北京热电厂投产中国首座年回收
3 000 吨的燃煤电厂烟气二氧化碳捕集试验示范系统。

试点建设

01 碳排放权交易试点

2011 年 10 月，我国开始在北京市、天津市、上海市、重庆市、湖北省、广东省及深圳市开展碳排放权交易试点。2017 年 12 月，《全国碳排放权交易市场建设方案（发电行业）》正式印发，标志着我国全国碳排放交易体系完成总体设计并正式启动。

碳排放权交易
试点正式启动

➡ 2013 年 11 月 28 日，北京市碳排放权交易开市。

全国碳排放权
注册登记系统和交易系统

➡ 2017 年 12 月 19 日，全国碳排放权注册登记系统和交易系统联合建设签字仪式。

02 低碳试点

2010 年以来，为探索符合中国国情的低碳发展模式、推进低碳转型，我国开展了一系列低碳试点。2010 年 7 月、2012 年 11 月和 2017 年 1 月，广东、辽宁、湖北等 6 省和北京、上海、镇江等 81 市分别开展了国家低碳省区和低碳城市试点工作；2015 年 8 月，广东深圳国际低碳城、广东珠海横琴新区、山东青岛中德生态园、江苏镇江官塘低碳新城、江苏无锡中瑞低碳生态城、云南昆明呈贡低碳新区、湖北武汉花山生态新城、福建三明生态新城开展了首批国家低碳城（镇）试点建设；2013 年，国家低碳工业园区试点工作正式开展，截至目前，国家低碳工业园区试点已达 51 家。

低碳城（镇）试点

➡ 首批国家低碳城（镇）试点——广东省深圳国际低碳城。

低碳工业园区试点

➡ 首批国家低碳工业园区试点——北京市中关村永丰产业基地。

积极参与全球气候治理

01 推进《联合国气候变化框架公约》进程

1992 年，《联合国气候变化框架公约》通过，开启了国际社会合作应对气候变化的进程。1992 年 11 月 7 日，中国第七届全国人大常委会第二十八次会议表决批准《联合国气候变化框架公约》，自 1994 年 3 月 21 日起对中国生效。1997 年，《联合国气候变化框架公约》第三次缔约方会议通过了《京都议定书》，提出从 2008 年到 2012 年，《联合国气候变化框架公约》附件一缔约方的温室气体排放要在 1990 年的基础上至少减少 5%。我国于 1998 年 5 月 29 日签署并于 2002 年 8 月 30 日核准《京都议定书》，2005 年 2 月 16 日起对中国生效。2012 年，《联合国气候变化框架公约》第十八次缔约方会议暨《京都议定书》第八次缔约方会议通过了《多哈修正案》，从法律上确保《京都议定书》第二承诺期在 2013 年实施。

《联合国气候变化框架公约》

➔ 1992 年 6 月，在巴西里约热内卢召开的联合国环境与发展大会开放签署《联合国气候变化框架公约》。

《京都议定书》

➔ 1997 年 12 月 9 日，联合国气候大会在日本京都举行，通过了《京都议定书》。

02 推动《巴黎协定》及其 实施细则成功达成

2015 年 11 月 30 日，中国国家主席习近平出席气候变化巴黎大会开幕式并讲话。2015 年 12 月 12 日，《联合国气候变化框架公约》近 200 个缔约方在巴黎气候变化大会上一致同意通过《巴黎协定》，此协定重申 2℃的全球温度升高控制目标，同时提出要努力实现 1.5℃的目标；要求发达国家继续提出全经济范围绝对量减排指标，鼓励发展中国家根据自身国情逐步向全经济范围绝对量减排或限排目标迈进。2016 年 4 月 22 日，中国国家主席习近平特使、时任国务院副总理张高丽在纽约联合国总部出席《巴黎协定》高级别签署仪式，代表中国签署《巴黎协定》；9 月 3 日，中国第十二届全国人大常委会第二十二次会议表决批准《巴黎协定》；G20 杭州峰会开幕前夕，中国国家主席习近平向时任联合国秘书长潘基文交存中国关于《巴黎协定》的批准文书。2018 年 12 月，联合国气候变化卡托维兹大会完成了《巴黎协定》实施细则的谈判。

2015 年
巴黎会议

➡2015 年 12 月 12 日，在法国巴黎北部市郊布尔歇展览中心的巴黎气候变化大会上，参会代表庆祝《巴黎协定》达成。

2018 年联合国气候变化
卡托维兹大会

➡2018 年 12 月 2—14 日，《联合国气候变化框架公约》第二十四届缔约方大会（COP24）在波兰卡托维兹举行。大会如期完成了《巴黎协定》实施细则谈判，通过了"一揽子"全面、平衡、有力度的成果。

03 引导气候变化多边合作

　　为加强与其他发展中国家的沟通，中国、印度、巴西、南非建立"基础四国"协商机制，以"基础四国+"的方式协调发展中国家谈判立场，共同维护发展中国家利益，推动国际谈判进程。2017年9月，中国与欧盟、加拿大共同发起并在加拿大蒙特利尔举办了首次气候行动部长级会议。2018年6月及2019年6月，中国与欧盟、加拿大在比利时布鲁塞尔共同举办了第二次及第三次气候行动部长级会议，在全球应对气候变化进程不确定性增强的背景下进一步凝聚各方共识，为气候变化多边进程注入新的政治推动力。

多边交流合作

↑ 2017 年 4 月 20 日—5 月 3 日，为期 14 天的"一带一路"
国家应对气候变化培训班首次在北京市举办，巴基斯坦、
阿联酋、匈牙利、摩洛哥等 18 个国家的 30 名政府官员及
专家参加培训。

04 推进气候变化"南南合作"

2011 年以来,中国累计安排 10 亿余元财政资金用于开展气候变化"南南合作",通过合作建设低碳示范区、开展减缓和适应气候变化项目、举办能力建设培训班等方式,为其他发展中国家应对气候变化提供力所能及的支持,分享应对气候变化与绿色低碳发展的有益经验和最佳实践。2015 年 9 月,习近平主席在巴黎气候大会上宣布设立 200 亿元人民币的中国气候变化"南南合作"基金,并提出将在其他发展中国家开展 10 个低碳示范区、100 个减缓和适应气候变化项目及 1 000 个应对气候变化培训员额的合作项目。目前,中国正在积极筹建气候变化"南南合作"基金,推动落实气候变化"南南合作十百千"项目。此外,2015 年,中国向联合国提供 600 万美元用于支持联合国秘书长推动应对气候变化"南南合作"。截至目前,中国已与 31 个发展中国家签署了气候变化"南南合作"谅解备忘录,并向他们提供应对气候变化物资支持。

向埃塞俄比亚赠送
多光谱微小卫星

宽幅多光谱遥感微小卫星

↑2016年10月4日，我国与埃塞俄比亚签署应对气候变化合
作谅解备忘录，向埃方赠送一颗多光谱微小卫星及地面测控应用
系统，用于监测干旱、洪涝、水资源和森林面积变化等，帮助其
提高应对气候变化能力。

▌"南南合作"培训

↑ 我国举办近 40 期应对气候变化"南南合作"培训班,
为有关发展中国家培训了近 2 000 名应对气候变化领域的
官员和技术人员,范围覆盖 5 大洲的 120 多个国家。

国际篇

中国在努力解决自身环境问题的同时，积极参与全球环境治理进程，贡献中国经验和中国方案，推动环境保护国际合作，深化与各方多渠道、多层次和多样化的交流。1972年，人类历史上首次国际性环境保护大会——联合国人类环境会议，在瑞典斯德哥尔摩举行，中国政府派出代表团参加会议，自此，我国开始参与环境保护国际合作与交流。20世纪80年代以来，中国已批准加入《保护臭氧层维也纳公约》《控制危险废物越境转移及其处置巴塞尔公约》《生物多样性公约》《关于消耗臭氧层物质的蒙特利尔议定书》及其《伦敦修正案》等30多项与生态环境有关的多边公约或议定书，其中，在《关于消耗臭氧层物质的蒙特利尔议定书》框架下，中国累计淘汰的消耗臭氧层物质占发展中国家淘汰总量的50%以上，2017年，原环境保护部获得蒙特利尔议定书30周年政策实施领导力奖。党的十八大以来，我国积极参与全球环境治理，率先发布《中国落实2030年可持续发展议程国别方案》。目前，我国已与100多个国家开展交流合作，与60多个国家、国际及地区组织签署生态环境合作文件，支持并参与"南南合作"，在联合国环境规划署设立"南南合作"中国信托基金，在生物多样性保护、环保产业与技术交流、环境管理能力建设等领域开展务实合作，使亚洲、非洲和拉丁美洲的80多个发展中国家受益。此外，中国积极推动建设绿色"一带一路"，成为全球生态文明建设的重要参与者、贡献者、引领者，并支持和发挥中国环境与发展国际合作委员会高层政策咨询智库平台作用，持续对中国以及世界的环境与发展开展政策研究，提供政策建议。

积极参与全球环境治理

01 积极参加联合国环境会议

  1972 年 6 月 5 日，联合国人类环境会议在瑞典斯德哥尔摩举行，通过《联合国人类环境会议宣言》，发出"只有一个地球"的声音。在周恩来总理的关怀下，时任燃料化学工业部副部长唐克任团长的中国政府代表团出席了会议。1992 年，联合国环境与发展大会在巴西里约热内卢召开，提出"可持续发展战略"。我国派出以时任国务委员宋健为团长的代表团参加大会。时任国务院总理李鹏同志出席了首脑会议，并签署《里约宣言》《21 世纪议程》。2002 年，可持续发展世界首脑会议在南非约翰内斯堡举行，通过《可持续发展世界首脑会议执行计划》《约翰内斯堡宣言》等文件。时任国务院总理朱镕基出席会议并在大会上发言。2012 年，联合国可持续发展大会在巴西里约热内卢召开，达成《我们憧憬的未来》等文件。时任国务院总理温家宝出席会议并发表了《共同谱写人类可持续发展新篇章》的演讲。2016 年，第二届联合国环境大会期间，联合国环境规划署发布《绿水青山就是金山银山：中国生态文明战略与行动》和《可持续发展多重途径》报告，报告指出"中国是全球可持续发展理念和行动的坚定支持者和积极实践者，中国的生态文明建设将为全球可持续发展和 2030 年可持续发展议程做出重要贡献"。

联合国人类
环境会议

↑ 1972 年 6 月 5—16 日，联合国人类环境会议第一届会议在瑞典
首都斯德哥尔摩举行。6 月 10 日，中国代表团团长、时任燃料化学
工业部副部长唐克在联合国人类环境会议全体会议上发言。

▎联合国"城市可持续发展贡献奖"

↑ 2002 年 9 月 3 日，在南非约翰内斯堡举行的可持续发展世界首脑会议上，
上海市获得由联合国颁发的"城市可持续发展贡献奖"。

《可持续发展多重途径》和《绿水青山就是金山银山：
中国生态文明战略与行动》报告发布会

↑ 2016 年 5 月 26 日，原环境保护部、联合国环境规划署共同举办的《可
持续发展多重途径》和《绿水青山就是金山银山：中国生态文明战略与行动》
报告发布会在内罗毕环境规划署总部召开，时任环境保护部部长陈吉宁、
时任联合国环境规划署执行主任施泰纳出席发布会。

02 认真履行国际生态环境公约

　　为应对全球性环境问题，中国按照"共同但有区别的责任原则""公平原则""各自能力原则"，积极参与国际环境公约谈判，目前，中国已加入 30 多个与环境保护有关的国际公约或议定书。其中，生态环境部负责实施 8 项国际环境公约及其议定书：《保护臭氧层维也纳公约》及其《关于消耗臭氧层物质的蒙特利尔议定书》《生物多样性公约》及其《卡塔赫纳生物安全议定书》和《关于获取遗传资源和公正公平分享其利用所产生惠益的名古屋议定书》《控制危险废物越境转移及其处置巴塞尔公约》《关于持久性有机污染物的斯德哥尔摩公约》《关于在国际贸易中对某些危险化学品和农药采用事先知情同意程序的鹿特丹公约》《关于汞的水俣公约》《防止倾倒废物及其他物质污染海洋的公约》及其《1996 年议定书》以及《联合国气候变化框架公约》。

《关于消耗臭氧层物质的蒙特利尔议定书》

↑ 2012 年，联合国环境规划署为我国颁发奖牌，表彰中国为子孙后代的福祉而保护臭氧层的杰出贡献。

↑ 2007 年，江苏省常熟三爱富全氯氟烃（CFCs）生产装置拆除。

《生物多样性公约》

➡ 2018 年 5 月 22 日，国际生物多样性日纪念活动在北京动物园举办，各界群众参观生物多样性宣传展览。

《关于汞的水俣公约》

➡ 2017 年 8 月 16 日，在《关于汞的水俣公约》生效纪念日活动上，行业协会签署"履行汞公约，减少汞污染"倡议书。

山河记忆
中国生态环境保护掠影

贰

绿色"一带一路"建设与"南南合作"

01 推进绿色"一带一路"建设

　　我国积极推动建设绿色"一带一路"，与中外合作伙伴共同发起"一带一路"绿色发展国际联盟、启动"一带一路"生态环保大数据服务平台，举办第二届"一带一路"国际合作高峰论坛绿色之路分论坛、"一带一路"生态环保国际高层对话会，依托中国—东盟博览会、中国—阿拉伯国家博览会、欧亚经济论坛等机制举办"一带一路"生态环保主题交流活动；建立"一带一路"环境技术交流与转移中心（深圳）、设立中国—东盟环保技术和产业合作交流示范基地（宜兴），实施绿色丝路使者计划、"一带一路"应对气候变化"南南合作"计划，支持环保企业"走出去"开展"一带一路"绿色技术合作。

绿色丝路
使者计划

↑ 2017 年 11 月，绿色丝路使者计划——中国—东盟
空气质量管理技术研讨班在江苏省苏州市开班。

02 加强"南南环境合作"

中国是"南南环境合作"的积极倡导者、支持者和实践者。2012 年开始,中国在联合国环境规划署设立"南南合作"中国信托基金,支持开展"南南环境合作",使亚洲、非洲和拉丁美洲的 80 多个发展中国家受益。一直以来,中国按照平等互利、讲求实效、形式多样、共同发展的原则,推进中国一东盟区域环保合作,与柬埔寨、泰国、老挝、蒙古、肯尼亚、古巴、秘鲁等多个发展中国家开展合作,实施帮助发展中国家提高环保能力建设的中国一"南南合作"绿色使者计划,通过分享环境保护理念和经验,促进环保产业技术交流合作,加强生态环保能力建设,共同应对实现 2030 年可持续发展环境目标所面临的挑战。

"南南合作"
中国信托基金

➡ 2012 年 6 月，中国政府宣布向联合国环境规划署信托基金先后分两期各捐款 600 万美元，用于支持发展中国家的环境保护能力建设，推动"南南合作"。

分享环境
保护经验

↑ 2018 年 12 月，发展中国家环境治理官员研修班学员参观清华苏州环境创新研究院。

叁

构建国际合作伙伴关系

01 中国环境与发展国际合作委员会

中国环境与发展国际合作委员会（以下简称国合会）成立于 1992 年，是经中国政府批准的非营利、国际性高层政策咨询机构。伴随中国经济和社会的快速发展，国合会见证并参与了中国发展理念和发展方式的历史性变迁，在中国可持续发展进程中发挥了独特而重要的作用。通过中外坦诚对话，促进世界了解中国，推动中国走向世界。二十多年来，通过国合会高层政策咨询智库平台作用，持续对中国以及世界的环境与发展开展政策研究，提供政策建议。

第一届国合会

↑ 1992 年 4 月，第一届国合会在北京市举行成立大会。

02 区域环境交流对话与双边合作

　　四十多年来，我国加强区域环境交流对话并加强和拓展双边合作。积极参与中日韩、东盟和中日韩（10+3）、东亚和东北亚、大湄公河、西北太平洋、东亚海等区域、次区域合作机制。建立中国—上海合作组织环境保护合作中心，启动上海合作组织环保信息共享平台建设。举办亚太经合组织绿色发展高层圆桌会议、APEC绿色供应链合作网络年会等，APEC绿色供应链合作网络倡议纳入领导人会议成果。举办第五次金砖国家环境部长会议，实施环境可持续城市伙伴关系、环境友好技术平台等倡议，为金砖国家领导人会晤提供成果支撑。与俄罗斯、美国、欧盟、德国、哈萨克斯坦等建立部长级政策对话，与意大利、瑞典、挪威、丹麦、英国、澳大利亚、新西兰、以色列、日本、韩国、新加坡等开展多层次交流合作，学习借鉴各国生态环保理念和经验，支持引导环保产业技术合作，有力地促进了国内环境政策标准制定和技术水平提升。

中俄环境保护
联合监测

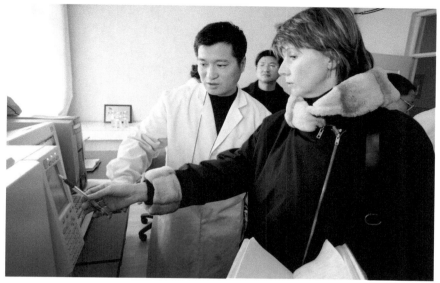

↑2005 年，中俄环境保护部门在松花江佳木斯市断面进行联合监测。

↑2012 年，中俄环境保护部门在中俄界河黑龙江黑河段开展了 2012
年明水期跨界水体水质联合监测。

综合篇

壹

生态环境保护督察

　　建立环境保护督察工作机制，是建设生态文明的重要举措。2015 年 7 月，习近平总书记主持召开中央全面深化改革领导小组会议，审议通过《环境保护督察方案（试行）》。同年 12 月，河北省环境保护督察试点正式启动，第一轮中央环境保护督察于 2016 年 7 月和 11 月、2017 年 4 月和 8 月分四批对 30 个省（自治区、直辖市）开展督察。2018 年 5 月和 10 月，分两批对全国 20 个省（自治区）开展"回头看"，重点聚焦第一轮督察反馈问题整改情况，严厉查处一批敷衍整改、表面整改、假装整改及"一刀切"等生态环保领域形式主义、官僚主义问题，进一步压实地方党委、政府生态环保责任。第一轮中央环境保护督察及两批"回头看"分别直接推动解决 8 万余件、7 万余件垃圾、恶臭、油烟、噪声及黑臭水体、"散乱污"企业污染等群众身边的环境问题。2019 年 6 月，中共中央办公厅、国务院办公厅联合印发《中央生态环境保护督察工作规定》，确立中央生态环境保护督察的基本制度框架，为依法推动督察向纵深发展奠定了坚实的法制基础。7 月，第二轮第一批中央生态环境保护督察对上海、福建、海南、重庆、甘肃、青海 6 个省（直辖市）和中国五矿集团有限公司、中国化工集团有限公司 2 家中央企业开展督察进驻工作，进驻时间约为 1 个月。2019 年 12 月，第二轮第一批中央生态环境保护督察共交办群众举报问题约 1.89 万件，已办结或基本办结 1.6 万件。此外，建立生态环境部华北、华东、华南、西北、西南、东北督察局，进一步加强监督执法权威性，并强化"督政"职能，完善了环境保护督察体制，为中央生态环境保护督察工作提供有力保障。

01 中央生态环境保护督察

　　《环境保护督察方案（试行）》审议通过后，不到两年时间，中央环境保护督察对全国 31 个省（自治区、直辖市）存在的环境问题进行了一次全覆盖式的督察。第一轮中央环境保护督察共受理群众信访举报 13.5 万余件，直接推动解决 8 万多个垃圾、恶臭、油烟、噪声及黑臭水体、"散乱污"企业污染等群众身边的环境问题。2018 年，中央生态环境保护督察组对 20 个省（自治区）开展"回头看"，重点聚焦第一轮督察反馈问题整改情况，共受理群众举报 9 万余件，直接推动解决群众身边生态环境问题 7 万余件，得到广大人民群众的真心拥护和称赞。

第一轮中央环境
保护督察

↑ 2016 年 7 月 15 日－8 月 15 日，中央第七环境保护督察组进驻云南省开展环境保护督察。

← 2016 年 11 月 23 日，中央第七环境保护督察组向云南省反馈督察情况。

督察人员
现场检查

↑ 2016 年 7 月，中央第八环境保护督察组工作人员在宁夏回族自治区银川市核实群众投诉举报查处情况。

← 2016 年 12 月，中央第五环境保护督察组工作人员走访重庆市丰都县城乡建设委员会。

↓ 2016 年 12 月，中央第五环境保护督察组工作人员检查重庆市三峡水务涪陵排水有限责任公司。

解决群众
生态环境问题

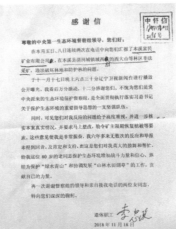

↑ 2017 年 9 月，居民赠中央第三环境保护督察组锦旗。

← 2018 年 11 月，中央第一生态环境保护督察组收到群众感谢信。

02 区域督察

2002 年，原国家环境保护总局在南京、广州分别试点华东、华南环境保护督查中心，2006 年正式设立。此后，西北、西南、东北、华北环境保护督查中心先后成立，到 2008 年，覆盖 31 个省（自治区、直辖市）的六大区域督查中心全面组建。六大区域督查中心主要承担加强环境保护监督执法、应对突发环境事件、协调跨省界污染纠纷等职能。2017 年 12 月，华北、华东、华南、西北、西南、东北环境保护督查中心由事业单位转为环境保护部派出行政机构，并分别更名为环境保护部华北、华东、华南、西北、西南、东北督察局（2018 年，生态环境部组建后，更名为生态环境部华北、华东、华南、西北、西南、东北督察局），进一步加强监督执法权威性，并强化"督政"职能，完善了生态环境保护督察体制，为中央生态环境保护督察工作提供有力保障。

山河记忆
中国生态环境保护掠影

建立区域督察局

↑ 2018 年 2 月 6 日，华南环境保护督查中心变更为环境保护部华南督察局。

贰
生态环境法律法规和标准

1978 年，"国家保护环境和自然资源，防治污染和其他公害"写入《中华人民共和国宪法》。1979 年，第五届全国人大常委会审议通过《中华人民共和国环境保护法（试行）》（以下简称《环境保护法（试行）》）。1989 年，第七届全国人大常委会审议通过《中华人民共和国环境保护法》（以下简称《环境保护法》），我国环境保护工作逐步走上法治化轨道。进入新时代，我国制定和修改环境保护法、环境保护税法以及大气、水、土壤污染防治法和核安全法等法律。四十多年来，我国生态环境法制建设取得了积极进展。截至目前，现行有效全国人大常委会制定的生态环境领域法律 13 件，国务院制定的生态环保行政法规 30 多件，生态环境部制定的部门规章 87 件。此外，我国已形成两级五类的生态环境标准体系 [国家级和地方级标准，类别包括环境质量标准、污染物排放（控制）标准、环境监测类标准、环境管理规范类标准和环境基础类标准]，其中现行国家生态环境标准 2 018 项，在生态环境部备案的地方环境标准 235 项，为生态文明建设和生态环境保护提供了有力保障。

01 生态环境立法体系建立和完善

　　1978 年颁布的《中华人民共和国宪法》第十一条规定："国家保护环境和自然资源，防治污染和公害。"这是新中国成立后第一次将环境保护列入国家根本大法，为中国的环境立法奠定了宪法基础。2018 年 3 月，第十三届全国人大一次会议表决通过《中华人民共和国宪法修正案》，增加建设生态文明和美丽中国方面的内容，"贯彻新发展理念""生态文明""富强民主文明和谐美丽的社会主义现代化强国""推动构建人类命运共同体"等重要表述被写入宪法，简称为"生态文明入宪"。

　　1979 年颁布的《环境保护法（试行）》，是中国环境保护事业进入法制轨道的转折点，引领了一系列单项污染防治法的颁布和实施。从 20 世纪 80 年代开始，全国人大常委会相继制定和修改了《中华人民共和国海洋环境保护法》《中华人民共和国水污染防治法》《中华人民共和国大气污染防治法》《中华人民共和国固体废物污染环境防治法》《中华人民共和国环境噪声污染防治法》《中华人民共和国放射性污染防治法》《中华人民共和国环境保护税法》等污染防治法律。2014 年 4 月 24 日，第十二届全国人大常委会审议通过了修订后的《中华人民共和国环境保护法》，于 2015 年 1 月 1 日施行。

《环境保护法》

↑ 2014 年 9 月 10 日，内蒙古自治区首例环境污染案
件——"乌海市南光化工有限公司倾倒废工业盐酸案"
在杭锦后旗人民法院公开审理。该案彰显了地方依据
《环境保护法》铁腕治污的决心，并对此类犯罪产生
有力的震慑作用。

02 生态环境损害赔偿制度改革

2013 年 11 月，第十八届三中全会提出对造成生态环境损害的责任者严格实行赔偿制度。2015 年 12 月，中共中央办公厅、国务院办公厅印发《生态环境损害赔偿制度改革试点方案》，在吉林、江苏、山东、湖南、重庆、贵州、云南 7 个省（直辖市）部署开展改革试点，取得明显成效。2017 年 12 月，中共中央办公厅、国务院办公厅印发的《生态环境损害赔偿制度改革方案》明确，自 2018 年 1 月 1 日起，在全国试行生态环境损害赔偿制度，到 2020 年力争在全国范围内初步构建责任明确、途径畅通、技术规范、保障有力、赔偿到位、修复有效的生态环境损害赔偿制度。生态环境损害赔偿制度完善了后果严惩的生态环境制度，促使造成生态环境损害的违法者足额承担赔偿责任，使受损生态环境得到及时有效的修复。

生态环境损害
赔偿磋商

↑ 2017 年 1 月，贵州省人民政府与当地两家企业就生态环境损害赔偿案件开展磋商。该案是生态环境损害赔偿制度改革试点开展后，全国首例磋商成功的案件，同时，也是由省级人民政府提出申请的首例生态环境损害赔偿协议司法确认案件。

03 公益诉讼

　　自《环境保护法》2015 年 1 月 1 日施行以来，最高人民法院认真贯彻立法精神，先后制定发布《关于审理环境民事公益诉讼案件适用法律若干问题的解释》《关于审理环境侵权责任纠纷案件适用法律若干问题的解释》《人民法院审理人民检察院提起公益诉讼案件试点工作实施办法》等司法解释和规范性文件，与民政部、原环境保护部联合发布《关于贯彻实施环境民事公益诉讼制度的通知》，不断加大顶层设计和政策指引力度。

公益诉讼案例

↑ 2010 年 12 月 30 日，我国首例环保基金资助的环境公益诉讼案在贵州省贵阳市宣判。

04 生态环境保护规划与标准

1975 年，国务院环境保护领导小组颁布《关于制定环境保护十年规划和"五五"(1976—1980 年) 计划》，提出了 5 年内控制、10 年内基本解决环境污染问题的总体目标，此后，我国陆续颁布《国家环境保护"六五"计划（1981—1985 年）》《国民经济和社会发展第七个五年计划时期国家环境保护计划（1986—1990）》《国家环境保护十年规划和"八五"计划纲要》《国家环境保护"九五"计划和 2010 年远景目标》《国家环境保护"十五"计划》《国家环境保护"十一五"规划》《国家环境保护"十二五"规划》《"十三五"生态环境保护规划》。

从 1981 年开始，先后制定了《地表水环境质量标准》《环境空气质量标准》《声环境质量标准》《海水水质标准》《污水综合排放标准》《火电厂大气污染物排放标准》等 2 000 余项国家环境标准。截至目前，现行国家环境标准 2 018 项，其中环境质量标准 17 项，污染物排放（控制）标准 186 项，环境监测类标准 1 171 项，环境基础类标准 41 项，管理规范类标准 603 项，共有 22 个省、自治区、直辖市的 235 项地方环境标准在生态环境部备案。

标准样品制作

↑ 2014 年 6 月 5 日，原环境保护部环境标准样品研究所工程师向公众介绍水质标准样品的制作。

叁

生态环境科技发展

　　1978 年 7 月，国务院环境保护领导小组办公室召开了第一次全国环境保护科研工作会议，根据同年 3 月全国科学大会精神，首次制定了 1978—1985 年全国环境科学技术规划。四十多年来，我国环境研究领域不断开拓，从污染源调查起步，逐步向各类基础研究和污染防治技术及应用研究拓展：从单纯地研究环境污染问题，扩展到研究生态系统和自然资源的保护以及全球性环境问题，开展了环境背景值、环境容量、环境质量评价、环境与人体健康、生物多样性保护、全球气候变化、跨界污染、风险评估、环境经济、环境法学等多方面的研究；在污染防治技术方面，由工业末端的"三废"治理技术，扩展到区域性综合防治和循环生态工业技术等；在管理研究方面，从基础的污染调查登记与监测，扩展到环境预警、规划、基准标准、法规、排污许可等各项管理制度的研究建立；在学科范畴上，从自然科学和工程技术范畴，扩展到社会科学和人文科学等。

01 科研机构

　　中国环境科学研究院（成立于 1978 年）、南京环境科学研究所（成立于 1978 年）、华南环境科学研究所（成立于 1973 年）是我国最早的环境保护科研院所，是生态环境部直属的从事综合性环境科学研究的公益性科研机构，致力于围绕国家生态文明建设战略部署，开展创新性、基础性重大环境保护科学研究，为国家环境管理决策提供战略性、前瞻性、全局性和全球性的科技支撑，为地方政府系统解决区域、流域重大环境问题提供技术服务，为国家环境质量改善发挥了重要作用。环境基准与风险评估国家重点实验室是生态环境部第一个国家重点实验室，围绕环境基准与风险评估领域研究的发展趋势，以国家战略目标和重大科技需求为导向，开展基础和应用基础研究，为国家环境保护事业的发展提供有效科技支撑。

科研院所

↑ 1978 年 12 月，中国环境科学研究院建立初期部分同志合影。

国家重点
实验室

↑ 环境基准与风险评估国家重点实验室。

02 国家生态环境科技成果转化
综合服务平台

国家生态环境科技成果转化综合服务平台于 2019 年 7 月 19 日正式上线，汇聚了生态环境部近十多年组织研发的环境治理技术类和管理类成果 4 000 多项，包括水体污染控制与治理科技重大专项成果 2 500 余项、环保公益性行业科研专项项目成果 1 000 余项、国家先进污染防治技术目录技术 400 余项。

生态环境科学
技术发展

→ 1977 年 7 月，北京市环境保护
科学研究所的科研人员与北京化工
厂工人、技术人员采用电渗析—离
子交换法制取纯水，大大减少酸碱
用量，减轻了对环境的污染。

↑ 2015 年 3 月，卫星环境应用中心的工作人员在河南省邓州市进行无人机遥感监测。
无人机遥感监测主要用于获取抽样县域生态环境质量高分辨率光学影像并提取相关信
息，为县域生态环境质量考核抽查工作提供技术支持和信息服务。

国家生态环境科技成果转化
综合服务平台媒体开放日

↑ 2019 年 11 月 13 日，国家生态环境科技成果转化综合服务平台媒体开
放日活动在生态环境部环境发展中心举办。

03 环保产业发展

我国环保产业萌芽于 20 世纪 70 年代。20 世纪 90 年代初以来，党中央、国务院对发展环保产业高度重视，颁布实施了一系列环境保护法规、标准，加大了对环境污染的治理力度，制定了鼓励和扶持环保产业发展的政策措施，环境保护投资力度逐年加大，促进了我国环保产业的快速发展。近年来，国家加大了环境保护基础设施的建设投资，有力地拉动了环保产业的市场需求，产业总体规模迅速扩大、领域不断拓展、结构逐步调整、水平明显提升，为防治环境污染、保护自然资源、改善生态环境、推进社会可持续发展发挥了重要作用，环保产业已成为国民经济结构的重要组成部分。

生态环保产品

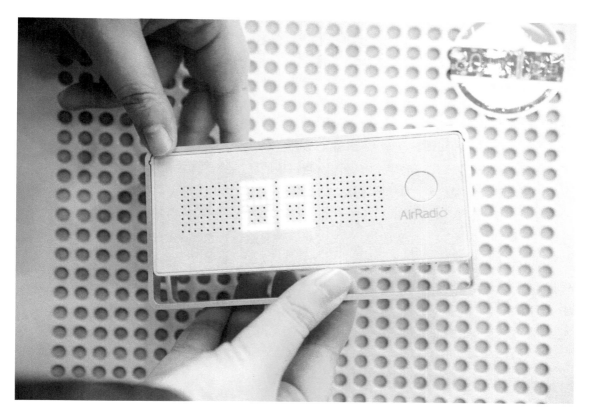

↑ 2016 年 11 月，第二届西安国际环保产业博览会上
展示的家用空气监测产品。

肆

环境影响评价与排放管理

　　1973年，《关于保护和改善环境的若干规定（试行草案）》提出"三同时"制度，即一切新建、扩建和改建的企业，防治污染项目，必须和主体工程同时设计、同时施工、同时投产。1979年，《环境保护法（试行）》首次明确环境影响评价制度，从源头预防环境污染和生态破坏。经过四十多年的发展，形成了以《环境保护法》《环境影响评价法》《建设项目环境保护管理条例》《规划环境影响评价条例》等法律法规为核心的制度体系。2016年以来，环评进入改革和发展的新阶段。2016年、2018年，两次修改《环境影响评价法》。近年来，环评"放管服"（简政放权、放管结合、优化服务）改革紧扣改善环境质量的主线，坚守防范环境风险的底线，其中，2017年，修改《建设项目环境保护管理条例》，取消4项行政许可，减少审批数量，提高审批速度，强化事中、事后监管，优化审批服务，推动重大项目建设。此外，编制"三线一单"（生态保护红线、环境质量底线、资源利用上线和环境准入负面清单），建立生态环境分区管控体系，强化国土空间环境管控，持续发挥战略和规划环评作用。2016年以来，落实《控制污染物排放许可制实施方案》，全面实施排污许可制度改革，推进固定污染源"一证式"管理。环境影响评价和排污许可制度在推动经济高质量发展、优化营商环境、源头预防生态破坏和环境污染、打好污染防治攻坚战方面持续发挥重要作用。

01 建设项目环境影响评价

近年来，在建设项目环境影响评价中，"生态优先、绿色发展"的理念得到贯彻落实，在充分发挥环评的源头预防作用的同时推动改善环境质量和产业结构调整。此外，严格执行《建设项目环境保护管理条例》明确的 5 种不予审批环评情形的要求，从源头预防环境污染和生态破坏。近年来，部、省两级共对 2 000 多个不符合环境准入要求的项目不予审批。大力推动地方政府实施污染物区域削减、以新带老，每年分别减少二氧化硫、氮氧化物和烟尘排放约 44 万吨、46.5 万吨和 19.5 万吨。同时，加强化工石化、冶炼等工业项目的环境准入和审批，促进地方产业结构调整，加大区域污染削减力度，提高区域环境风险防控能力，改善环境质量；加强水利水电、铁路等生态影响类项目准入管理，环保投入规模不断加大、开发建设更加规范有序，有力推动了有关地区生态环境质量改善。

建设项目
环评

↑ 2017 年 12 月，广东省深圳至茂名铁路江门至茂名段（小鸟天堂路段）
改进环保措施，形成全国铁路第一例全封闭声屏障。

环评公众
参与

↑ 2007 年 12 月，市民代表在福建省厦门市 PX 项目
环评公众参与座谈会上发言。

02 "三线一单"

编制生态保护红线、环境质量底线、资源利用上线、环境准入清单（简称 "三线一单"），是落实《中共中央 国务院关于全面加强生态环境保护 坚决打好污染防治攻坚战的意见》的重要举措。生态环境部编制印发了《"三线一单"编制技术要求（试行）》等一系列文件，"三线一单"管理和技术体系不断完善。2018 年，全国 31 个省（自治区、直辖市）及新疆生产建设兵团分两批有序推进 "三线一单" 编制工作。截至 2019 年 10 月，长江经济带 11 个省（市）和青海省成果已基本编制完成，进入审核、发布阶段。其余 19 个省（自治区、直辖市）及新疆生产建设兵团 2019 年年底将形成初步成果。到 2020 年年底，全国将初步建立以"三线一单"为核心的生态环境分区管控体系。

| "三线一单"编制

↑ 2019 年 4 月，生态环境部和四川省人民政府在成都市举行长江经济带战略环评四川省"三线一单"编制工作推进会。

03 排污许可

　　2016 年 11 月，《控制污染物排放许可制实施方案》提出全面推行排污许可制度的时间表和路线图。2017 年和 2018 年，分别发布《固定污染源排污许可分类管理名录（2017 年版）》《排污许可管理办法（试行）》，全面实施排污许可制。2017 年 5 月，北京市、海南省等 11 个省和邢台市、淄博市等 10 个市生态环境部门，率先实施重点行业排污许可证申请与核发试点。2017 年 6 月，火电、造纸两个行业率先完成排污许可证核发工作，进入按证排污和按证监管阶段，其他行业排污许可证正在按行业分步核发。截至 2019 年 10 月 15 日，全国共计完成钢铁、水泥等重点行业排污许可证 8.2 万余张，登记排污信息 4.4 万余家。

第一张排污许可证

↑ 首批获得国家统一编码火电厂排污许可证的华能海口电厂。

← 海南省第一张国家统一编码的排污许可证（正本）

伍
生态环境监测体系

1973 年，北京市"三废"治理办公室（后来演变为北京市环境保护局）组织 30 多个单位对北京西郊大气、地面水、地下水和土壤污染状况进行全面监测。1983 年 7 月，《全国环境监测管理条例》对环境监测的任务、机构的职责与职能、监测站的管理、环境监测网、报告制度等做了明确规定。经过四十多年的发展，我国建立了涵盖空气、水、生态、土壤、近岸海域、噪声、污染源等多领域、多要素的国家环境监测网络，包括 2 100 余个空气质量监测站（点）、2 767 个地表水监测断面、300 个水质自动站、4 万余个土壤监测点位；构建完成"国家—区域—省级—城市"四级重污染天气预报网络，实现生态环境监测信息集成共享，实现了对未来 1~3 天空气质量精准预报及未来 7 天空气质量潜势预报全国联网。此外，依托地方建立东北、华北、华东、华南、西南和西北六大区域环境监测质控中心，基本建成国家、区域、监测机构三级质控体系，逐步形成区域环境空气、地表水、土壤、污染源等领域的监测质量控制与监督核查能力，并完成国家空气、地表水环境质量监测事权上收，保证监测数据独立、客观、公正。

01 环境空气质量监测

　　1984 年 12 月，北京市环境保护局、中国科学院计算所和市环境监测中心等单位共同研制"大气环境自动监测系统"，这个系统是当时我国科技人员自行研制的全国最大、最完善的自动监视空气污染程度的综合网络系统。经过三十多年的发展，我国已在 338 个地级及以上城市布设 1 436 个空气质量国控监测站点，且全部具备 $PM_{2.5}$ 等六项指标监测能力，地方建设的省、市、县监测点位已近 4 000 个，形成发展中国家最大的环境空气质量监测网。2018 年 5 月 9 日 2 时 28 分，我国在太原卫星发射中心成功发射高分五号卫星。高分五号卫星主要用于探测大气污染气体、温室气体、气溶胶等大气环境参数，填补了国产卫星无法有效探测大气污染气体的空白。

大气环境
监测发展

→ 1984 年 12 月，我国制成大气环境自动监测系统。

↓ 2018 年 5 月 9 日，高分五号卫星在太原卫星发射中心成功发射。

02 水质监测

　　1982 年 4 月，我国长江干流上第一艘大型水质监测船——"长清号"对重庆至上海航道进行水质监测。经过三十多年的发展，全国已布设 2 050 个地表水水质自动监测站，新建和改造 1 881 个国家地表水水质自动站，建立地表水国控断面 2 050 个，覆盖全国十大流域 1 366 条河流和 139 座重要湖库，并对全国 338 个地级以上城市和 2 856 个县的集中式饮用水水源地开展常规水质监测。

水质监测发展

➡ 1983 年 4 月，长江干流上第一艘大型水质监测船——"长清号"。
⬇ 湖北省漳河上的地表水水质自动站——漳河水质监测站。

03 土壤监测

目前，我国已基本建成由 3.88 万多个点位组成的国家土壤环境监测网。2017 年，完成 13 611 个历史基础监测点位的土壤环境例行监测工作，通过分散采样、集中制样、采测分离，确保土壤环境监测结果客观、科学、准确。

土壤污染调查取样

◀ 2014 年 8 月，新疆环科院技术人员对西山原新疆烧碱厂污染土地进行土壤取样。

土壤污染调查分析

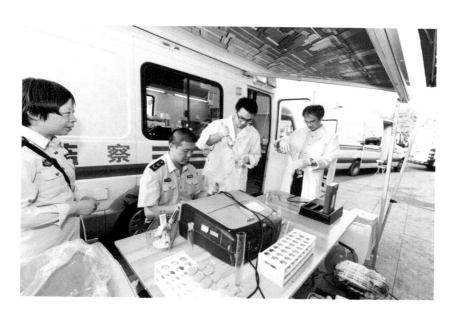

◀ 2015 年 8 月，北京市环境保护监测中心的工作人员在天津港事故区域进行土壤污染分析。

04 发布生态环境质量状况

　　1986 年，原国家环境保护局首次发布中国环境统计公报，此后每年编制全国环境质量状况公报（或报告书）、中国环境质量年报、环境统计年报等各类环境监测报告，为环境管理政策规划制定、环境质量考核排名、国家重点生态功能区转移支付等提供决策支持，并通过报纸、广播、电视、互联网、移动互联网等各类载体发布环境质量和预报预警信息，保障公众环境知情权、参与权、监督权。

中国环境质量报告书
及环境质量状况公报

↑ 1980—2017 年，中国环境质量报告书及环境质量状况公报。

05 生态环境监测数据质量管理

　　生态环境监测数据是客观评价生态环境质量状况、反映污染治理成效、实施环境管理与决策的基本依据。我国生态环境监测数据质量管理实行国家考核、国家监测、数据共享的原则。2016—2018 年，原环境保护部（2018 年 3 月变更为生态环境部）用近 3 年的时间完成了空气、地表水环境质量监测事权上收，委托第三方公司对国控空气和地表水自动监测站进行运行维护，从体制机制上防范监测数据受到人为不当干预；同时，加强外部监督管理，对监测数据弄虚作假行为"零容忍"，发现一起，查处一起，通报一起，形成强大高压震慑态势，确保监测数据真实、准确。

严厉惩处生态环境
监测数据造假行为

⬆ 2016 年 4 月，陕西省西安市环境质量监测数据造假案一审开庭，该案是全国因干扰环境空气自动监测被追究刑事责任的首起案件。

06 全国污染源普查

　　污染源普查是全面摸清建设美丽中国生态环境家底的一次行动，是重大的国情调查，也是环境保护的基础性工作。2007—2009年，依据国务院《全国污染源普查条例》，开展第一次全国污染源普查，约57万名普查员和普查指导员参加，发现592.6万个污染源，包括工业源157.6万个，农业源289.9万个，生活源144.6万个，集中式污染治理设施4 790个。

　　第二次全国污染源普查于2017—2019年开展，约60万名普查员和普查指导员参加，筛选出疑似排污单位工业源740万家、规模畜禽养殖场80万家，形成疑似排污单位共计1 001万家的清查底册，并对357.97万个普查对象开展入户调查，摸清各类污染源基本状况以及污染物产生、排放和处理情况，建立健全重点污染源档案、污染源信息数据库。

第一次全国
污染源普查

2008 年 1 月，国家环境保护总
局第一次全国污染源普查工作办公
室赴浙江省湖州市检查污染源普查
名录库建设和档案情况。

第二次全国
污染源普查

2018 年 6 月，陕西省安康市旬
阳县普查员赴养殖专业合作社入户
采集普查数据，途中桥梁损毁，
他们借着石头过河，圆满完成普
查任务。

陆

生态环境监督执法

　　1986 年，原国家环境保护局在广东省顺德县、山东省威海市、安徽省马鞍山市、河北省秦皇岛市开展试点工作，环境监理队伍应运而生。此后，1992 年、1993 年，原国家环境保护局又组织了两批试点，规模扩大到 22 个省的 57 个城市和 100 个县。试点单位在队伍建设、经费来源、现场执法等方面进行了积极探索，为全面开展环境监理工作打下了基础。2002 年，根据《关于统一规范环境监察机构名称的通知》等文件，将"环境监理"改为"环境监察"，初步形成国家、省、市、县四级环境监察网络，构建了以环境监察局为核心、六大区域派出机构为支撑的"国家监察"体系、以环境执法队伍为主体的环境执法监督体系。2015 年开始实施最严格的《环境保护法》，查封扣押、停产限产、按日连续罚款、移送拘留成为环境执法的有力武器。2016 年，开展省以下环境保护机构监测监察执法垂直管理制度改革试点工作，厘清环境监察、环境执法概念。2018 年，提出整合组建生态环境保护综合执法队伍、统一实行生态环境保护执法的要求，改革工作正在深入开展，环境执法领域正向全方位迈进。2019 年，组建 7 个流域海域生态环境监督管理局及其监测科研中心。

01 排污收费

　　1979 年颁布的《环境保护法（试行）》中，确立了排污收费制度，2003 年 1 月 2 日，国务院公布《排污费征收使用管理条例》。2018 年 1 月，《中华人民共和国环境保护税法》（以下简称《环境保护税法》）及《环境保护税法实施条例》正式施行。《环境保护税法》要求所有大气污染物税额不低于每污染当量 1.2 元，最高不高于每污染当量 12 元；所有水污染物税额不低于每污染当量 1.4 元，最高不高于每污染当量 14 元。在法定税额范围内，有近一半省（自治区、直辖市）调高了税额，全国污染物征收税额比排污费征收标准整体上提高一倍以上。《环境保护税法》作为第一部体现"绿色税制"的单行税法，环境保护税税率的制定和调整，将充分发挥价格杠杆作用，促进污染减排和环境保护。

环境保护税

↑ 2018 年 4 月 1 日，我国进入环境保护税首个征期，企业
代表（左）从上海浦东新区税务局工作人员手中接过环保税
税票，标志着环境保护税在全国顺利实施。

02 执法队伍建设

1986 年 5 月，原国家环境保护局确定安徽省马鞍山市为环境监理试点地区，探索开展环境执法工作。经过三十多年的发展，全国环境执法机构超过 3 600 个，国家层面由生态环境部生态环境执法局负责指导全国环境执法工作；地方层面上，基本形成了省级环境监察总队（局）、地市环境监察支队和县级环境监察大队三级结构的格局。此外，江苏、浙江、安徽、山东、河南、甘肃、辽宁、陕西、内蒙古、新疆等 10 省（自治区）还在乡镇一级成立了环境执法机构。

马鞍山第一批
环境监理员

↑ 1990 年，安徽省马鞍山市环境监理员用
林格曼仪监视烟气排放工作。

综合执法队伍
现场执法

→ 2018 年 6 月，山东省青岛市环境监察人员现场开展执法检查。

↓ 2018 年 5 月，北京市昌平区原环境保护局车管站工作人员在 110 国道涧头路口，现场取证拍摄一辆尾气超标严重的车辆。

03 突发生态环境事件应对与风险防范

2001 年，原国家环境保护总局要求各地开通统一的环保举报热线电话"12369"。2009 年 6 月 5 日，原环境保护部"12369"环保举报热线开通，受理各地群众对环境污染问题的举报。2015 年 6 月 5 日，"12369"环保微信在全国范围内开通，鼓励公众通过手机微信随时随地上传图片和地理位置信息举报身边的污染，目前关注人数已超过 100 万人。2018 年，"12369"环保举报平台受理群众举报 71 万余件，基本按期办结。

我国逐步形成"全过程应急管理为主线、以风险防控为核心"的环境应急管理体系。2016 年，实现全国省级环境应急预案 100% 全覆盖，7 万多家企业、事业单位完成预案、备案，环境应急预案网络初步形成。2018 年，全国处置突发环境事件 286 起，其中生态环境部直接调度处置突发环境事件 50 起。

"12369"环保
举报平台

↑ 2009 年 6 月，工作人员接听"12369"环保举报热线。

突发生态环境
事件处置

↑ 2015 年 8 月，天津港瑞海公司危险品仓库发生特
别重大火灾爆炸事故，河北省环境监测中心的应急人
员在爆炸核心区开展监测工作。

柒 生态环境宣传教育

1973 年，第一次全国环境保护会议后，我国第一本环境期刊——《环境保护》杂志创刊，原国家环境保护局首任局长曲格平组织翻译《只有一个地球》《寂静的春天》等一批宣传环境保护启蒙读物，开辟了面向大众的环境宣传教育的先河。1980 年，中国环境科学出版社成立（现改制为中国环境出版集团）。1984 年，《中国环境报》创刊。1985 年，第一次在全国范围开展六五环境日宣传活动。1990 年年初，原国家环境保护局召开全国第一次环境宣传工作会议和第一次全国环境教育工作会议，在六五环境日前夕，首次公布《中国环境状况公报》。20 世纪 90 年代，中央电视台、人民日报、光明日报、经济日报等新闻媒介开辟环保专栏、专版和专题报道，对我国和全球环境保护进行报道，环境问题逐步成为社会关注的热点之一。2000 年以来，围绕每年六五环境日中国主题，开展系列宣传活动，策划制作主题歌曲、海报、LOGO、小视频向社会发布。2016 年 11 月，原环境保护部官方微博、微信公众号"环保部发布"（2018 年 3 月 22 日更名为"生态环境部"）开通上线；从 2017 年 1 月开始，建立新闻发言人制度，每月围绕不同主题召开新闻发布会。通过新媒体平台和新闻发布会传递生态环境保护政策措施、工作进展，主动回应社会公众关注热点问题。2017 年 5 月，开展环保设施和城市污水垃圾处理设施向公众开放工作，鼓励公众亲身体验并参与生态环境保护；2018 年 6 月，生态环境部联合中央文明办、教育部、共青团中央、全国妇联等 5 部门共同开展"美丽中国，我是行动者"主题实践活动，通过三年的时间在全社会形成人人争做美丽中国建设行动者、共同守护蓝天白云、绿水青山良好局面。同时，发布《公民生态环境行为规范（试行）》（简称"公民十条"），引导和鼓励公众积极践行生态环保责任，主动参与生态环保工作。

↑ 2018 年 5 月 29 日，全国生态环境宣传工作会议在北京召开。

01 新闻发布与新闻报道

20 世纪 90 年代，时任全国人大环境与资源保护委员会主任委员曲格平就我国环境状况和环境保护法制建设问题回答中外记者提问。党的十八大以后，在十八大记者招待会及十九大记者招待会、全国两会记者会、"部长通道"上，原环境保护部、生态环境部相关负责人，向社会介绍生态环境保护工作进展和举措，回答中外媒体记者提问，成为展示生态环境保护和生态文明建设工作进展和成效的重要窗口。从 2017 年 1 月开始，生态环境部每月围绕中央生态环保督察、大气污染防治、水污染防治、全国生态环境状况等主题举行例行新闻发布工作，向社会公众传递生态环境保护政策措施、工作进展等，回应社会关注的热点问题。近年来，人民日报、新华社、中央电视台等主流媒体围绕生态环境保护主题进行深度报道，宣传加强生态环境保护、推进生态文明建设的典型经验，曝光反面案例，广泛传递中国生态环保故事。

↑ 2019 年 9 月 29 日，庆祝中华人民共和国成立 70 周年活动新闻中心在梅地亚中心举办第四场新闻发布会，生态环境部部长李干杰，副部长黄润秋、翟青就"提升生态文明，建设美丽中国"相关问题回答中外记者提问。

例行新闻发布会

⬆ 2018 年 3 月 29 日，新组建的生态环境部举行首场例行新闻发布会。

新闻采访

⬅ 2018 年 11 月，光明网记者在广东省东莞市麻涌镇开展采访，随着生态环境的改善，麻涌镇形成多种新型商业体，既还原绿水青山又收获金山银山。

02 社会宣传

从 1985 年开始，六五环境日宣传活动在全国范围开展，此后，每年开展系列宣传活动。其中，2004 年，首次发布世界环境日中国主题——"碧海行动，我们对海洋的承诺"，并首次推出"2004 年世界环境日中国主题标识"；2017 年，首次发布六五环境日主题歌曲——《让中国更美丽》；2018 年，会同中央文明办、联合湖南省人民政府在长沙市举办 2018 年六五环境日国家主场活动，生态环境部、中央文明办、教育部、共青团中央、全国妇联联合启动"美丽中国，我是行动者"主题实践活动；2019 年，六五环境日之际，会同中央文明办评选出"美丽中国，我是行动者"主题系列活动十佳公众参与案例、百名最美生态环保志愿者等，并向社会公布，首次聘请 10 位"特邀观察员"参加浙江省杭州市世界环境日全球主场活动。

六五环境日

↑ 1988 年 6 月 5 日，四川省成都市环境科学学会、四川教育学院、成都市盐道街中学师生共 300 多人在四川省成都市举行纪念世界环境日环境保护义务宣传活动。

→ 2004 年 6 月，原国家环境保护总局首次推出"2004 年世界环境日中国主题标识"。

↑ 2017 年 6 月 5 日，原环境保护部联合江苏省人民政府首次在江苏省
南京市举办六五环境日国家主场活动，时任环境保护部党组书记李干杰、
时任江苏省委书记李强出席会议。

2018 年六五环境日

↑ 2018 年六五环境日主题歌曲。

↑ 2018 年环境日主题海报。

↑ 2018 年 6 月 5 日，2018 年六五环境日主场活动在湖南省长沙市举办。

2019 年世界环境日
全球主场活动

↑ 2019 年 6 月 5 日，2019 年世界环境日
全球主场活动在浙江省杭州市举办。

03 新媒体宣传

2016 年 11 月，原环境保护部官方微博、微信公众号"环保部发布"（2018 年 3 月 22 日更名为"生态环境部"）开通上线，之后陆续开通了"头条号""企鹅号""网易号""人民号"和"抖音"等手机客户端账号，形成 "两微九号"的新媒体平台。截至 2017 年 12 月，全国 31 个省、直辖市、自治区和所有地市级及以上城市的环保厅（局）已全部开通了新浪微博和微信公众号（以下简称"两微"）， 形成生态环境系统新媒体矩阵，并在"生态环境部"微信公众号上线"全国生态环境系统微矩阵"模块，通过手机和 PC 端可直接访问各省级和地市级生态环境部门"两微"。

"生态环境部"
"两微"

↑ "生态环境部""两微"。

全国生态环境系统
微矩阵

⇒ 全国生态环境系统微矩阵。

04 公众参与

　　保护好生态环境离不开全社会的关心、参与和支持，人人都应成为生态环境的关注者、环境问题的监督者、生态文明的推动者、绿色生活的践行者。党的十八大以来，生态环境保护公众参与制度不断完善，通过培训、研讨会等多种方式培育引导环保社会组织有序发展。2017年5月，原环境保护部联合住房和城乡建设部开展环保设施和城市污水垃圾处理设施向公众开放工作，截至2019年上半年，全国31个省（自治区、直辖市）和新疆生产建设兵团的设施开放单位共组织开放活动12 579次，累计接待公众49万余人次；2018年6月，生态环境部、中央文明办、教育部、共青团中央、全国妇联五部门联合发布《公民生态环境行为规范（试行）》（以下简称"公民十条"），对公众在日常生活中如何践行生态环境保护提出具体要求，倡导简约适度、绿色低碳的生活方式，引领公民践行生态环境责任，携手共建天蓝、地绿、水清的美丽中国。

环保设施向公众开放

环保设施向
公众开放

➡ 2018 年 11 月 8—9 日，
全国环保设施向公众开放
现场观摩活动在江苏省南
京市举行。

引导环保社会组织
参与环境保护

➡ 2019 年 6 月 11 日，生
态环境部组织公众与环境
研究中心、绿色潇湘等 40
多个环保社会组织参观湖
南省某餐厨垃圾处理公司。

"美丽中国，我是行动者" 主题实践活动

→ 2018 年 6 月，生态环境部联合中央文明办、教育部、共青团中央、全国妇联等 5 部门共同开展"美丽中国，我是行动者"主题实践活动，动员公众积极参与美丽中国建设。

"公民十条"

→ 2018 年 10 月 27 日，在山东省济南市黑虎泉公园，济南市滨河左岸小学的学生参加山东省"公民十条"生态环境课堂。

捌

打造生态环境保护铁军

2018 年 5 月 18—19 日，习近平总书记在全国生态环境保护大会上强调，要建设一支生态环境保护铁军，政治强、本领高、作风硬、敢担当，特别能吃苦、特别能战斗、特别能奉献。

随着生态环境保护事业的发展，一代又一代环保人始终把改善生态环境质量作为自己的初心和使命，重点解决群众反映强烈的突出生态环境问题，着力守护良好生态环境这个最普惠的民生福祉，推动生态环境保护事业不断为人民造福。生态环境系统涌现出许多先进模范人物，彰显了"不忘初心、牢记使命"的崇高精神追求，也诠释着生态环境保护铁军沉甸甸的分量。千千万万无私无畏、不辞辛劳、忘我工作的生态环保人的感人事迹，彰显着努力为人民群众提供优美生态环境、建设美丽中国的家国情怀、民族情怀、为民情怀、事业情怀。2019 年 6 月，第九届全国"人民满意的公务员"和"人民满意的公务员集体"表彰大会上，黄海保、马青等 5 名个人和北京市生态环境局大气环境处等 4 个单位登台受奖。此外，还有被追记烈士一等功的陈奔、被评为第四届全国道德模范的孟祥民等，都是生态环境系统涌现出的生态环境保护铁军榜样。

执法路上的铁军

2018 年 12 月，浙江省温岭市的陈奔同志在办理环境违法案件时因公殉职，用年轻的生命捍卫了自己挚爱的事业。

2018 年 12 月，陈奔的办公桌上，摆满了正在处理的文件。

← 2019 年 9 月 22 日，生态环境部在办公新址（北京市东城区东长安街 12 号）举行升国旗仪式，在新的起点，不忘初心，守护生态环境。

后记

近年来，党和国家先后举办了砥砺奋进的 5 年、庆祝改革开放 40 周年、庆祝新中国成立 70 周年等一系列大型成就展览，生态环境部都参与其中，在此过程中，征集了大量珍贵的历史照片素材。由于展览篇幅所限，还有部分照片未向公众展示，因此，我们萌生将展览素材编写成书的想法，《山河记忆——中国生态环境保护掠影》一书就此诞生。

在图书编写过程中，我们还查阅了报纸、期刊等新闻图片，并向地方生态环境系统征集照片素材，从 9 000 余幅照片中筛选出 230 余幅有代表性的照片，并辅以少量文字综述，形成本书。但这些内容仅展示了历史的片段和瞬间，不能系统、完整地展示我国生态环境保护工作的起步与发展历程，这也为本书留下些许遗憾。

本书即将出版之际，我们特别感谢原国家环境保护总局政策法规司司长彭近新、原环境保护部污染防治司司长樊元生、生态环境部综合司督察专员夏光等为本书提供的宝贵建议与支持。衷心感谢生态环境部机关各部门及生态环境系统各单位给予的大力支持，感谢中国环境报社及中华环境保护基金会徐光提供大量历史照片，感谢新华网、第一财经章轲给予的支持。此外，对关心和支持本书工作的所有人，在此一并致以感谢！

由于编者水平有限，加之时间有限，图书内容不能全部涵盖所有具体工作，不妥之处，敬请广大读者批评指正。

2019 年 11 月

编写组

组　长：刘友宾

副组长：杨小玲　林　玉

成　员：凌　越　连　斌　王　琳　黄争超　李佳雯

图书在版编目（CIP）数据

山河记忆：中国生态环境保护掠影／生态环境部宣
传教育司编. --北京：中国环境出版集团，2020.4(2020.6重印)

ISBN 978-7-5111-4162-0

Ⅰ. ①山… Ⅱ. ①生… Ⅲ. ①生态环境保护－中国－
摄影集 Ⅳ. ①X321.2-64

中国版本图书馆CIP数据核字(2019)第250545号

出 版 人	武德凯
策划编辑	陶克菲　李心亮
责任编辑	王　琳
责任校对	任　丽
装帧设计	艺友品牌

出版发行 中国环境出版集团
　　　　　　（100062 北京市东城区广渠门内大街16号）
　　　　　　网　　址：http://www.cesp.com.cn
　　　　　　电子邮箱：bjgl@cesp.com.cn
　　　　　　联系电话：010-67112765（编辑管理部）
　　　　　　　　　　　010-67110245（第三分社）
　　　　　　发行热线：010-67125803，010-67113405（传真）

印　　刷	北京建宏印刷有限公司
经　　销	各地新华书店
版　　次	2020年4月第1版
印　　次	2020年6月第2次印刷
开　　本	787×1092 1／16
印　　张	20
字　　数	320千字
定　　价	192.00元